高职高专"十二五"规划教材

化工单元操作课程设计

刘 兵 主编

化学工业出版社
·北京·

本书根据化工过程工艺设计项目的特点，介绍了化工过程工艺设计项目运作和管理方法，明确了设计项目的各种分工及职责，引导师生在化工单元操作课程设计过程中有效组织项目化教学实训过程。同时借助化工过程计算机模拟软件 ChemCAD，介绍了化工过程计算机模拟方法、模拟软件的使用方法，并通过模拟设计实例，增强了学生用先进工具解决工程设计问题的能力。

本书适合作为高职高专化工专业的教材，可培养学生化工单元操作流程选择、过程分析、设计计算、设备选型、参数优化等能力。

图书在版编目（CIP）数据

化工单元操作课程设计/刘兵主编．—北京：化学工业出版社，2009.8（2021.2重印）
高职高专"十二五"规划教材
ISBN 978-7-122-06134-8

Ⅰ．化⋯ Ⅱ．刘⋯ Ⅲ．化工单元操作-课程设计-高等学校：技术学院-教学参考资料 Ⅳ．TQ02-41

中国版本图书馆 CIP 数据核字（2009）第 105212 号

责任编辑：旷英姿　　　　　　　　　　　文字编辑：昝景岩
责任校对：王素芹　　　　　　　　　　　装帧设计：韩　飞

出版发行：化学工业出版社（北京市东城区青年湖南街13号　邮政编码100011）
印　　刷：北京市振南印刷有限责任公司
装　　订：北京国马印刷厂
787mm×1092mm　1/16　印张 8¼　字数 197 千字　2021年 2 月北京第 1 版第 7 次印刷

购书咨询：010-64518888　　　　　　　　售后服务：010-64518899
网　　址：http://www.cip.com.cn
凡购买本书，如有缺损质量问题，本社销售中心负责调换。

定　　价：16.00元　　　　　　　　　　　　　　　　　　　版权所有　违者必究

前　言

化工单元操作课程设计与化工单元操作技术、化工单元操作现场实训、化工单元操作仿真实训等教学环节构成化工单元操作课程的整体。可以采用工学结合、基于工作过程及项目化教学等方法完成整合后的化工单元操作专门课程，旨在全方位地培养学生化工单元操作技术和技能。化工单元操作课程设计着重培养学生化工单元操作流程选择、过程分析、设计计算、设备选型、参数优化等能力，培养系统观点、优化思想及方法等基本工程素质，养成科学严谨、细致周到等良好习惯。

本书有两个特点：一是考虑到化工过程工艺设计项目的特点，介绍化工过程工艺设计项目运作和管理方法，明确设计项目的各种分工及职责，引导师生在化工单元操作课程设计过程中，有效组织项目化教学实训过程。二是借助化工过程计算机模拟软件 ChemCAD，介绍化工过程计算机模拟方法，介绍模拟软件的使用方法，并通过模拟设计示例，增强学生用先进工具解决工程设计问题的能力。

本书由刘兵担任主编并统稿。第一、第二、第六章由刘兵编写；第三章由周寅飞编写；第四章由李晓璐编写；第五章由梁美东编写。在本书编写过程中，多位企业的专家提供了设计案例和设计条件等资料，在此向他们表示衷心的感谢。

由于时间仓促，加上编者水平所限，书中难免有不妥之处，恳请广大读者批评指正。

编者
2009 年 5 月

目 录

第一章 绪论 …………………………… 1
  一、化工单元操作课程设计的性质、内容和任务 …………………………… 1
  二、课程设计的培养目标 ………………… 1
  三、课程设计的教学建议 ………………… 2
  四、课程设计的步骤 ……………………… 3

第二章 化工设计基础知识 ……………… 4
  第一节 化工设计的内容及分类 …………… 4
    一、设计阶段与内容 ……………………… 4
    二、设计范围与对象 ……………………… 5
    三、化工设备设计方法与步骤 …………… 6
  第二节 化工单元操作设备的技术经济评价 ……………………………………… 7
  第三节 设计文件的编制 …………………… 8
  第四节 设计工作人员分工及岗位职责 …… 9
    一、设计人员组成 ………………………… 9
    二、设计评审 ……………………………… 9
    三、岗位职责 ……………………………… 10
    四、设计文件校审程序 …………………… 12
  第五节 化工设计项目管理 ………………… 13
    一、设计组织机构 ………………………… 13
    二、设计工作管理 ………………………… 13
    三、项目设计计划 ………………………… 13
    四、设计质量的管理与控制 ……………… 14
    五、设计数据的管理与控制 ……………… 14

第三章 列管式换热器工艺设计 ………… 15
  第一节 换热器工艺设计概述 ……………… 15
    一、换热器的应用 ………………………… 15
    二、换热器的分类及适用场合 …………… 15
    三、换热设备的基本要求 ………………… 16
    四、换热器设计项目 ……………………… 17
  第二节 列管式换热器工艺设计 …………… 18
    一、列管式换热器标准简介 ……………… 18
    二、列管式换热器的设计内容 …………… 19
    三、列管式换热器设计方案的确定 ……… 20
    四、列管式换热器的结构 ………………… 25

    五、列管式换热器的设计计算 …………… 38
    六、列管式换热器的设计框图 …………… 46
    七、列管式换热器的优化设计简介 ……… 47
  第三节 列管式换热器设计实例 …………… 47
    一、系列标准换热器选用的设计实例 …… 47
    二、非系列标准换热器的设计实例 ……… 49

第四章 填料吸收塔工艺设计 …………… 55
  第一节 吸收方案的确定 …………………… 55
    一、填料吸收塔设计方案的确定 ………… 55
    二、填料的类型与选择 …………………… 57
    三、填料吸收塔工艺设计步骤 …………… 60
  第二节 填料吸收塔工艺尺寸的计算 ……… 60
    一、塔径的计算 …………………………… 60
    二、填料层高度计算及分段 ……………… 64
    三、填料层压降的计算 …………………… 66
    四、填料塔内件的类型与设计 …………… 67
  第三节 填料吸收塔的设计实例 …………… 69
    一、设计方案的确定 ……………………… 70
    二、填料的选择 …………………………… 70
    三、基础物性数据 ………………………… 70
    四、物料衡算 ……………………………… 70
    五、填料塔工艺尺寸的计算 ……………… 71
    六、填料层压降计算 ……………………… 74
    七、液体分布器简要设计 ………………… 74

第五章 板式精馏塔工艺设计 …………… 76
  第一节 板式精馏塔工艺设计概述 ………… 76
    一、精馏工艺流程 ………………………… 76
    二、板式精馏塔工艺设计步骤 …………… 77
  第二节 二元连续板式精馏塔的工艺计算 … 78
    一、物料衡算和操作线方程 ……………… 78
    二、理论板数的计算 ……………………… 79
    三、塔板总效率的估算 …………………… 81
    四、确定实际塔板数 ……………………… 82
    五、灵敏板位置的确定 …………………… 82
    六、板式塔主要工艺尺寸的确定 ………… 83
  第三节 塔板的流体力学验算 ……………… 88

一、塔板压降 …………………………… 88
二、雾沫夹带量 ………………………… 89
三、漏液点气速 ………………………… 89
四、液泛 ………………………………… 89
五、塔板负荷性能图 …………………… 90
第四节 精馏装置附属设备与接管 …… 90
一、塔体总结构 ………………………… 90
二、冷凝器 ……………………………… 91
三、再沸器 ……………………………… 92
四、塔的主要接管 ……………………… 93
第五节 二元连续板式精馏塔工艺设计计算举例 …………………………… 94
一、已知参数 …………………………… 94

二、设计计算 …………………………… 94

第六章 化工过程计算机辅助设计 …… 104
第一节 化工过程模拟 ………………… 104
第二节 化工流程模拟的基本方法 …… 106
第三节 化工过程模拟软件简介 ……… 106
一、PROⅡ流程模拟软件 ……………… 106
二、ASPEN PLUS ……………………… 107
三、ChemCAD ………………………… 108
第四节 化工单元操作模拟设计示例 … 111

参考文献 ……………………………… 123

第一章　绪　　论

一、化工单元操作课程设计的性质、内容和任务

化工单元操作是化工技术类专业的核心能力课程，是培养高技术应用性专门人才知识结构、能力结构和素质结构的必修课。化工单元操作课程设计是基于工作过程的教学中，与化工单元操作实训、化工单元操作仿真实训和课堂教学等构成化工单元操作课程的边讲边练的其中一个重要的教学环节。主要在学习化工单元操作原理及设备的基础上，综合运用所学知识和技能，通过化工单元操作设计过程，全面培养工程观点及工程设计能力，为学习后续专门课程和将来从事化工生产、管理等工作打下基础。

化工单元操作课程设计的内容是通过化工单元过程的设计项目，选择化工单元操作流程，对化工单元过程进行物料衡算、热量衡算及设备设计计算，同时考虑技术创新、安全生产、质量保障、环境保护等方面的问题，形成完整的设计技术文件。

化工单元操作课程设计的任务是通过单元操作课程设计，培养学生针对设计任务，按照一定的工艺条件和生产要求，选择设计方案，进行设计计算，在查阅资料、论证方案、选用公式、收集数据、文字及图表表达、化工制图等方面，得到全面的训练和提高。培养学生综合应用能力。通过项目化教学，以提高学生独立或协同工作能力。

二、课程设计的培养目标

通过化工单元操作课程设计的项目化教学，着重培养学生获取数据、工程计算、编写设计文件、专业知识综合运用等各种能力。

（1）获取数据的能力　课程设计是第一次要求学生查取、阅读和使用教材以外的各种设计手册和技术资料，接触与设计课题有关的各技术领域，这就大大有利于学生增加知识、开阔眼界、拓宽思路、迅速获取专业技术信息。同时，有的课程设计中涉及众多的理论公式、经验公式、半理论半经验公式，且每一个公式都有相应的应用范围和条件，这就要求学生通过课程设计能准确无误地选取和应用这些公式。另外，设计任务书给出的工艺条件和数据是不全的，许多数据都要设计者在有关手册中查找，有些工艺参数要运用所学知识，并结合生产实际综合考虑或反复比较后自行确定。

（2）工程计算能力　课程设计涉及大量的工程或工艺计算，任何一个工艺过程，任何一台设备的选型，都必须进行计算，有时是多次反复计算。这就要求不仅数据、公式选用正确，工艺过程确定合理，而且还要计算迅速准确，这样才能既设计方案正确，又能在规定的时间内完成。也可针对某一个具体的工艺计算过程，通过编程或利用模拟软件，进行计算机运算会更加快捷。

（3）综合应用能力　课程设计是一个综合性很强的教学环节，在设计中，不仅要应用化工单元操作课程的基本理论与知识，还要应用相关课程及其他技术参考书和资料的基本理论与知识，还要应用各种设计手册、数据手册、化工图表，应用各种计算方法和计算工具。可以说是学生进入大学以来，第一次综合运用所学知识，来解决生产实际问题的系统训练，可培养和提高他们综合应用理论适用的技能的能力。

（4）编制工程文件的能力　课程设计要求有工艺流程说明和方案论证，有设计结果的概述和讨论，有相关技术指标的评价，有设备与装置的说明，最后要用简明的文字和清晰的图表编写出设计说明书，把设计思想与方案表达出来。设计说明书应内容全面，数据可靠，形式新颖，标题连贯，层次分明，文字流畅，图表清晰。

课程设计也是工程基本素质的养成过程。工程基本素质包括：工程全局的意识、技术经济的考虑、过程优化的思想和方法、贴近生产实际的做法等。

（1）工程全局的意识　课程设计不只是考虑某一化工单元操作，还应该解决相关的工程全局问题。这就要求设计方案在技术上是先进的，在实施过程中是可行的，在经济上是合理的，在安装、操作和检修上是便捷的，在环境保护上是允许的，在安全性和可靠性上是有保障的，忽略任何一个方面都会给设计方案留下隐患，影响工程全局。

（2）技术经济的考虑　化工设计方案不仅要考虑技术上的先进性和可行性，还要考虑经济上的合理性。在化工工艺计算和设备选型中，几乎都涉及设备折旧费用和日常操作费用，如何使两种费用之和——总费用最低或保持在一个较低的范围内，是设计过程中每个步骤都应该考虑的。

（3）过程优化的思想和方法　在课程设计中，实现某一个工艺过程往往有不同的方法和设备，像流程选择、流体空间走向、工艺参数确定、进出料方式、设备结构与尺寸选定等，都会有不同的设计方案。对这些方案应该进行全面分析比较，最后从中选出最佳方案。

（4）贴近生产实际的做法　课程设计中的每个过程的选择、每个方案的确定、每个设备的选型等等，都要从生产实际出发，既要满足生产工艺要求，又要具备实施的可行性，安装、操作和检修的便捷性。

三、课程设计的教学建议

根据化工单元操作设计的教学要求、工程设计项目运作的特点，可以在课程设计的教学过程中，实施基于工作过程的项目化教学和针对不同学习程度学生的分层次教学及考核。

1. 工作项目的教学建议

按照工程设计项目的工作分工，可由教师和学生分别作为化工项目建设单位和项目设计单位，把整个单元操作设计项目分解成：可行性分析、流程论证、选择单元设备类型、工艺设计计算、设备设计及选型、制图、项目审核及项目总结等子任务，由学生在独立完成整个设计工作项目的同时，遵照项目进度计划，按照化工设计的工作程序，按照化工设计项目的技术分工（项目负责人、专业负责人、设计人、校核人、审核人、审定人等），扮演不同的角色，履行相应的职责，完成相应的工作任务。教学过程与设计工作过程有机统一，并且可以很方便地进行过程考核。

在实施项目教学过程中，应提供强调项目进度的控制，鼓励学生自行组织、自主安排学习行为，鼓励学生自己克服及处理项目工作中出现的困难和问题，在项目各阶段都有学生展示及师生共同评价项目工作成果的机会，强调协同合作完成项目。

2. 分层次教学方案建议

提供不同难度的设计项目（列管式换热器设计、填料吸收塔设计和板式精馏塔设计等），供学生自愿选择设计项目，并有效地进行分层次教学过程。

在实施分层次教学过程中，应注意项目能按课程标准全面培养学生的技能，不能缺项；根据不同层次的学生都有合适的铺垫，能让学生顺利进入工作项目；加强辅导，帮学生解决项目工作过程中的学习坡度问题；在项目各阶段的评价及考核时，要掌握合理的梯度，以充分调动学生的学习积极性。

四、课程设计的步骤

① 阅读设计任务书，了解设计内容与要求；
② 查阅技术资料和有关化工设计手册，采集数据、公式和各种工艺参数；
③ 拟订设计方案，进行一系列设计计算；
④ 绘制相应图表；
⑤ 编制设计说明书。

在上述步骤中，有些是同步进行或循环反复进行的。

第二章 化工设计基础知识

化工设计应该有效利用资源，切合客观实际，技术上先进，经济效益良好，符合环境保护、安全生产等要求。设计人员必须深入掌握有关的基础理论和专业知识，了解先进技术成果，详细调研相关的设计经验，了解项目所处的自然条件及生产环境等等。根据从实际调研中所获得的大量资料，结合有关专业知识和计算结果，进行多方面的方案比较，做出比较合理的设计。

第一节 化工设计的内容及分类

一、设计阶段与内容

设计工作按进行顺序有下列几个阶段：提交项目建议书、可行性研究、基础设计、详细设计、配合施工和开工。

1. 项目建议书

根据经济和社会发展的要求，经过调查、预测、分析，提出项目建议书。项目建议书应包括以下内容：

（1）项目提出的必须性和依据；
（2）产品方案、拟建规模和建设地点的初步设想；
（3）资源情况、建设条件、协作关系、引进技术的初步分析；
（4）投资估算和资金来源的设想；
（5）经济效益和社会效益的初步估计。

2. 可行性研究（或设计任务书）

按照批准的项目建议书，组织可行性研究，对项目在技术上、经济上是否合理和可行，进行全面分析和论证。认为项目可行后，推荐最佳方案，编制设计任务书或可行性研究报告上报。

可行性研究报告或设计任务书的内容：

（1）根据经济预测、市场预测确定项目规模和产品方案；
（2）资源、原材料、燃料以及公用设施的落实情况；
（3）建厂条件和厂址方案；
（4）确定技术路线、主要设备形式和技术经济指标；
（5）全厂布置，总运输图，原料产品贮运，土建工程量估算，水、电、汽公用工程，能耗分析与节能措施；
（6）环境保护与城市规划、防洪防震等措施；
（7）企业组织、定员、管理体制、生活福利设施；
（8）建设工期和实施进度；
（9）投资预算和资金筹措；

（10）经济效益和社会效益，包括生产成本估算、财务评价、国民经济评价等；
（11）综合评价与绪论。

3. 基础设计（初步设计）

基础设计或初步设计是项目决策后，根据设计任务书所作的具体实施方案，包括：

（1）完成工艺设计，绘制工艺流程图，进行物料平衡与能量平衡，计算设备尺寸，确定各种操作条件等；
（2）绘制非标准设备草图，提出设备一览表；
（3）绘制装置的平面和立面布置图；
（4）自控、供电、供水、"三废"处理、土建工程等方面的设计方案，提出材料表；
（5）投资概算；
（6）成本计算与经济评价；
（7）编写基础（初步）设计说明书；
（8）编写工程概算书；
（9）其他。

4. 详细设计（施工图设计）

准备施工所需的各种施工图及详细的设计文件，包括：

（1）施工流程图，包括各管线编号、尺寸，各种阀门、仪表及开停工与事故管路；
（2）所有非标准设备的制造图；
（3）所有标准设备和机泵的型号、规格、尺寸、安装位置、安装图等；
（4）所有管道的材质、规格、尺寸、保温、防腐以及管道安装图、管架图等；
（5）所有土建、给排水、供电、仪表、自控装置、供热、供汽等公用工程的施工图；
（6）施工材料的规格、数量汇总表；
（7）卫生、环境保护、安全措施等；
（8）各种施工说明书。

二、设计范围与对象

按设计对象的规模可分为工厂设计、装置设计（或车间设计）、化工单元设备设计。

1. 工厂设计

解决工厂建设的总体规划与全局性问题，包括：

（1）原料来源，产品品种规格，生产规模与发展远景；
（2）厂址选择；
（3）生产工艺，全厂生产流程，全厂物料平衡，各产品的生产方法与工艺流程；
（4）公用工程，全厂能量平衡；
（5）辅助设施，包括机修、电气、仪表车间、中央分析室、仓库、料场、罐区等；
（6）工厂机构，定员，车间配置；
（7）厂区建筑；
（8）工厂总平面图设计，全厂各建筑物、生产设备、辅助设施、道路绿化等的合理布置，厂内外运输条件、货物流通量与运载能力的平衡；
（9）"三废"处理与环境保护；
（10）生产安全与防火、防洪、防震设施；

(11) 全厂的经济分析，建厂高效、产品成本、劳动生产率、利润率、投资回收期等。

2. 车间设计

化工车间（包括一个或几个装置）设计由化工工艺设计和非工艺设计（包括土建、自控、给排水、电气、供热、采暖通风等专业）所组成。化工设计人员承担工艺设计，并向非工艺设计部分提出要求，供给设计依据，所以工艺设计是整个设计的核心。

车间（装置）工艺设计的内容与基本步骤为：

(1) 方案设计，根据技术经济指标，确定生产方法，研究过程的热力学与动力学，得出最佳操作条件，确定单元设备的形式，进行工艺流程设计，绘制工艺流程图；

(2) 全车间（装置）的物料衡算，绘制物料流程图；

(3) 全车间（装置）的能量衡算，确定蒸汽、电力、冷却水等的消耗量；

(4) 设备工艺计算，绘制设备制造图；

(5) 车间（装置）的布置，设备平面和立面布置图；

(6) 管路设计，管径计算，绘制管路布置图、管架图、管段图；

(7) 给非工艺专业提供设计条件与要求；

(8) 编制概算书；

(9) 编制设计说明书、设备一览表、材料汇总表等。

3. 化工单元设备设计

这是装置设计的一部分，解决其中主要非标准设备如反应器、精馏和吸收设备等的设计问题，内容同车间设计。

三、化工设备设计方法与步骤

化工设备种类很多，每种设备的设计方法不同，这里主要介绍化工设备的一般设计方法与步骤。

1. 对化工设备设计的要求

(1) 满足工艺过程对设备的要求，如精馏吸收等分离设备达到规定的产品纯度、收率，热交换设备达到要求的温度等；

(2) 技术上先进、可靠，如热交换器有较大的传热系数、较少的金属用量，精馏塔有较高的传质效率、较低的液泛气速等；

(3) 经济效益好，如投资省、消耗低、生产费用低；

(4) 结构简单，节约材料，易于制造、安装、操作和维修方便；

(5) 操作范围宽，易于调节，控制方便；

(6) 安全，"三废"少。

2. 设计方法与步骤

(1) 明确设计任务与条件。

① 原料（或进料）与产品（或出料）的流量、组成、状态（温度、压力、相态等）、物理化学性质、流量波动范围；

② 设计目的、要求、设备功能；

③ 公用工程条件，如冷却水温度、加热蒸汽压力、气温、湿度等；

④ 其他特殊要求。

(2) 调查待设计设备国内外现状及发展趋势，有关新技术及专利状况，设计计算方法等。

（3）收集有关物料的物性数据、腐蚀性质等。
（4）确定方案。
① 确定设备的操作条件，如温度、压力、流比等；
② 确定设备结构形式，评比各类设备结构的优缺点，结合本设计的具体情况，选择高效、可靠的设备形式；
③ 确定单元设备的流程。
（5）工艺计算。
① 全设备物料与热量衡算；
② 设备特性尺寸计算，如精馏吸收设备的理论级数、塔径、塔高、换热设备的传热面积等，可根据有关设备的规范和不同结构设备的流体力学、传质传热动力学计算公式来计算；
③ 流体力学计算，如流动阻力与操作范围计算。
（6）结构设计。在设备形式及主要尺寸已定的基础上，根据各种设备常用结构，参考有关资料与规范，详细设计设备各零部件的结构尺寸。如，填料塔要设计液体分布器、再分布器、填料支承、填料压板、各种接口等；板式塔要确定塔板布置、溢流管、各种进出料口结构、塔板支承、液体收集箱与侧线出入口、破沫网等等。
（7）各种构件的材料选择，壁厚计算，塔板、塔盘等的机械设计。
（8）各种辅助结构如支座、吊架、保温支件等的设计。
（9）内件与管口方位设计。
（10）全设备总装配图及零件图绘制。
（11）全设备材料表。
（12）制造技术要求与规范。

要做好设备设计，除了要有坚实的理论基础和专业知识外，还应了解有关设备的新技术、新材料，了解设计规范与有关规定，熟悉有关结构性能，具有足够的工程、机械知识。在确定方案时还应了解必要的技术经济知识与优化方法。在工艺计算时，要能运用计算机软件或自编程序进行计算。

设计人员要有高度的责任心与细致的科学作风，否则将给建设工作带来重大的损失。

以上设计步骤并不是简单地顺序进行，有时工艺计算的结果要求重新进行方案确定，有时要选择几个方案进行技术经济评比，择优而取。

第二节　化工单元操作设备的技术经济评价

技术经济评价是化工过程与设备设计、生产管理中的重要概念与方法，设计人员不仅要懂技术，还要有经济观点，能从技术、经济等方面综合考虑工程问题。

技术经济评价就是判断化工过程或设备在技术上是否先进，经济效益是否最佳。衡量技术经济效果需要有一套标准或指标，作为定量比较的尺度。

1. 技术指标

（1）原料质量、价格、安全性及加工复杂性等；
（2）产品质量；

（3）原料利用率（产品收率、反应转化率、原材料消耗定额等）；

（4）能量消耗；

（5）劳动生产率；

（6）技术复杂性、设备总数、总重、总投资额；

（7）生产安全性、"三废"数量等；

（8）其他。

2. 经济指标

（1）基建投资　建设化工工程所需用于建造厂房，购置机器设备、原材料等生产资料而投入的资金称为基建投资，包括设计对象的总投资、单位生产能力的投资、单位设备的造价等。

（2）产品成本　是生产产品所支付的资金的总和，是分析评价任何设计方案经济效益的综合性指标。以上所述的技术指标、基建投资等都直接或间接地反映在产品成本之中。

（3）利润与利润率　利润是产品销售金额扣除生产成本与税金后的余额。利润率表示经济收益的效率，如投资利润率即年利润额占投资额的百分数。

（4）投资回收期或还本期　工程的利润总额抵偿投资额所需要的时间。

（5）年费用　对化工装置中的单元设备，难以计算其经济收益或利润，可以计算该设备（达到规定功能）每年投入的费用消耗。费用越小，经济效益就越大。

（6）其他经济学指标　以上指标没有考虑资金与时间的关系，由于资金是随时间而增值的，所以上述静态的经济指标还不能完全反映工程投资过程的经济效益，还有许多动态的经济指标，如动态还本期、内部收益率等。但静态指标简单、直观、使用方便，在建设前期应用较多。

第三节　设计文件的编制

化工设计的基本任务是将一个化工过程的基建任务以图纸、表格及必要的文字说明（说明书）的形式描绘出来，即把技术装备转化为工程语言，然后通过基本建设的方法把这个化工过程建设起来，并生产合格产品。这些图纸、表格及说明书的绘（编）制就是设计文件的编制。

工艺初步设计文件包括两部分：一是设计说明书；二是说明书的附图和附表。

设计说明书包括：

（1）设计依据　按照有关部门下达的设计任务书及批文，或者建设单位提供的相关资料或概念设计取得的有关资料。

（2）生产流程简述　按生产顺序简明扼要地依次叙述物料所流经的设备和生成物的去向、所涉及的设备及代号，写出反应式，说明过程的主要操作控制指标。

（3）工艺计算概述及结果　物料衡算，并绘制工艺物料流程图；能量衡算，并进行结果汇总。

（4）主要设备计算及选择说明　说明主要设备选择及设计原则；对主要设备做工艺计算；并汇总设备一览表。

（5）原材料、动力消耗　列表说明原材料、动力消耗定额及消耗量。

（6）其他　汇总主要生产控制指标表；产品成本估算；略述机构及定员表；三废治理措

施；安全卫生及防护措施等。

（7）设计说明书附图　工艺物料流程图（标注位号名称的细实线画出的设备简图，标注流向箭头及物流号的粗实线画出的物料管线）；带控制点的工艺流程图（按大小、位置、外形画设备图形，注明物料来去的带管件阀件的流程管线）；设备平面布置图（细实线绘制厂房和框架，粗实线绘制设备）；设备立面布置图（标注标高的各楼层、设备外形图）。

（8）设计说明书附表　物流表（物料的条件及物料量）；设备一览表（位号、名称、图号、材料、单位、数量等）。

第四节　设计工作人员分工及岗位职责

设计工作是一个连续的工作过程，由许多工作程序组成，为了保证设计成品满足最终的质量要求，需对设计过程进行控制。设计质量的主要控制点有以下几个方面。

一、设计人员组成

设计、校核、审核人员及专业负责人由设计管理部门根据人力资源部门发布的技术岗位人员资格名单确定。

二、设计评审

1. 设计方案评审

设计方案评审分三级。

第一级：项目中重大技术方案要提交技术质量管理部门，技术质量管理部门组织技术委员会进行评审。

第二级：项目中多专业技术评审提交项目技术总负责人（主管副总工程师/项目审定人）或执行中心指定技术负责人主持评审。

第三级：专业技术方案应提交执行中心专业副总工程师（或主任工程师、专业技术负责人）主持评审。

设计评审会议前，设计经理和技术总负责人应对各专业设计方案进行综合了解，召开设计评审会，主要审查：

（1）PID 内部审核版；

（2）总平面图；

（3）设备布置图；

（4）危险区域划分图；

（5）安全和环境保护；

（6）专业设计方案。

评审完后要填写设计评审记录，并由审核人验证评审结论的执行情况。

2. 设计报告评审

（1）设计开工报告评审　评审会由项目审定人或总工程师主持，由设计管理部主任负责组织。设计经理向评审会介绍开工报告内容。按设计开工报告编制统一规定的内容逐条评审，评审其完整性、正确性。

评审完后要填写"设计评审记录"，由设计经理负责修改后发给各专业，作为各专业设计报告。

(2) 设计技术统一规定　项目设计技术统一规定分发给所有专业，由设计经理统一组织编制，项目技术总负责人审定。专业设计技术统一规定是阐明设计的基本原则，用于指导所有参加此工程的专业人员的设计工作。专业负责人将本专业中采用的专业标准、规范与规定按照各专业设计技术统一规定的编制规定编写本专业设计统一规定，在编制栏签署。主任工程师负责审核，专业内部发放和使用。

(3) 设计条件　设计条件是设计工作的基本文件，是各专业开展设计工作的依据。设计条件包括设计条件表、条件图及文字说明。如常用设计条件表的格式或内容不能满足要求，可由提出条件的专业负责人用文字、图、表进行补充说明。条件图的深度应按各专业的条件样图规定绘制。

专业间互提条件作为各专业进行基础工程设计及详细工程设计的设计输入，专业负责人组织设计工程师按照专业互提条件规定及各专业编制的专业设计条件编制规定的要求编制设计条件，经校核或审核后，交专业负责人，由专业负责人填写"设计条件记录表"，提交接受方的专业负责人，并由接受方的专业负责人在"设计条件记录表"上签字。

接受方的专业负责人收到条件时，应检查条件签署是否完备、内容深度是否符合要求，如有问题可以拒收。

已提出的设计条件如果在设计过程中，必须修改设计条件时，应提出与接受方协商，不得单方进行修改。设计条件的小修改时，条件提出人在与专业负责人沟通后可直接至条件接受人处直接修改。修改时不允许用铅笔，采用能持久保留痕迹的黑色笔修改，用云形线作出标记，在各修改处作出修改次数标记并在说明栏说明，提出条件设计人在保留和提出两份条件上签字。

在设计过程中，发现必须对设计条件进行较大修改时，且修改条件会严重影响其他专业设计工作时，应填写设计条件修改表，提出的新设计条件必须经校核人、审核人签署，并及时由专业负责人向设计经理或主项负责人反映。重大内容变更应经设计经理签署，设计经理必要时向设计管理部报告。

3. 设计验证

设计校审和签署工作是设计控制的重要环节，也是设计验证和设计输出的重要过程。为了优化和完善设计，及时发现并消除设计过程中的不合格，采取相应处置措施，确保最终提供合格的设计成品。

按照项目的管理类别及设计文件（文字、表格和图纸）的重要性，实行不同级别与层次的校审。

三、岗位职责

1. 专业负责人

在设计经理领导下开展专业设计工作，业务上受专业组领导，分别向设计经理与专业组汇报工作。对本专业设计组的设计人员工作进行领导、检查、考核。其主要职责是：

(1) 负责按期、保证质量地完成本专业设计任务。

(2) 负责编制专业设计统一规定。

(3) 负责编制本专业的详细作业计划并进行本专业设计进度控制。

(4) 提出本专业技术方案，并提交专业技术负责人、主任工程师或专业副总工程师评审。

（5）负责收集与专业有关的基础设计资料，在设计经理的安排下参与外部联系工作。

（6）负责专业设计条件的输出与输入，确保符合规定。按照费用控制工程师或概算下达给本专业的工程费用进行设计，发现偏离现象及时向设计经理报告。

（7）组织设计工作满足采购与施工的进度和深度要求。

（8）确保本专业的设计过程与设计成品符合设计质量控制程序的要求。

（9）确保设计组全体人员熟悉项目合同对本专业设计的要求。

（10）确保所采用的标准、图纸资料为有效版本。

2. 设计人

在专业负责人或主项负责人、校审人领导下开展专业设计工作。主要职责是：

（1）根据任务要求安排好个人作业计划，认真负责，精心设计，保质按时完成任务。

（2）根据项目设计开工报告要求认真搜集有关设计资料，进行必要的调查研究，进行技术经济分析，积极采用先进技术，做好方案比较，经审查确定后开展设计工作，使其符合生产、安全、维修、施工、制造、安装等方面的要求。

（3）正确应用专业设计统一规定、数据、计算公式、计算方法、计算程序，认真做好计算。

（4）用工程语言准确表达设计内容，按照设计内容深度规定编制设计文件；编制设备表、材料表（请购单）、必要时的询价文件。

（5）认真按设计条件管理规定的格式要求编制提出设计条件；受专业负责人的安排可直接处理专业间的设计工作。

（6）设计文件完成后应认真做好自校工作；并按校审意见进行修改。

（7）参加设计文件的会签工作。

（8）做好设计文件、计算书和说明书原稿的整理、归档工作。

（9）根据安排，参加设计交底和担任设计代表工作，认真处理在施工、试车、开车中的设计问题。

3. 校核人

在专业负责人及专业组长领导下开展专业校核工作。其主要职责是：

（1）校核人与设计人共同研究设计方案、设计原则，对设计条件和设计成品按照"专业校审细则"的规定进行全面校核，对技术方案评审结果的落实；对设计中使用标准的有效性和所校核的设计成品出现的错、漏、碰、缺问题负检查责任。

（2）负责校核计算书中采用的设计条件、基础数据、计算公式、计算方法和各类系数的选取和计算结果是否正确，认真校核全部计算，并做出校对标记。对校核的设计文件应在原件上做出标识并填写设计文件校审质量单，供设计人修改及审人补充。

（3）与设计人充分讨论、妥善处理校核中发现的问题，意见不能统一时校核人有决定权，必要时可提请审核人或专业组决定。

（4）校核人与审核人意见有分歧时可以向专业技术负责人、专业主任工程师或专业副总工程师提出申诉。

4. 审核人

在专业副总工程师（或主任工程师）与专业组长领导下开展审核工作。审核人对设计方案中采用的标准、规范有决定权，对设计、校核过程中的分歧意见有决策权。其主要职责是：

(1) 审核人应该参与设计原则和主要技术问题的讨论研究，帮助设计和校核人解决疑难问题，对设计方案的正确性、合理性、安全性负责，对技术方案评审决定的执行负监督责任。

(2) 按照"专业校审细则"的规定负责审核设计成品，认真在原件上做出标识并填写设计文件校审质量单，负责做好设计质量评定，供质量管理部持续改进。

(3) 校核专业设计技术统一规定和设计规定汇总表。

(4) 处理设计人与校核人的技术分歧意见。

5. 审定人

在项目技术总负责人（主管副总工程师/项目审定人）领导下工作，向项目技术总负责人（主管副总工程师/项目审定人）报告工作。各专业审定人对重大设计方案和重大项目所采用的标准、规范有决定权，对设计中设计、校核与审核人之间发生的分歧意见有决策权。其主要职责是：

(1) 主持各专业重大设计原则、设计方案的讨论，并作出决定。

(2) 对各专业设计指导思想、重大设计原则、技术方案是否符合国家现行方针政策，以及可行性研究报告、顾客的要求等，是否做到切合实际、技术先进、经济合理、安全适用和设计投资控制等重大原则问题负主要责任。

(3) 审核专业设计技术统一规定和设计规定汇总表。

(4) 审定相关设计成品文件，确保其符合压力容器/压力管道设计的有关要求。

四、设计文件校审程序

设计人按设计协作表规定的时间，将自校后的设计文件（或设计更改文件）提交给校核人校核，同时提交有关的设计条件和设计资料。

校（审）核人按专业设计校审细则全面校核设计文件，并在供校审的设计文件（包括白图）上进行修改标识，将设计条件、设计资料以及校核后的原始设计文件和或设计文件校审质量单转交审核（定）人。

当设计问题较多时，将设计条件、设计资料以及校核后的原始设计文件返回设计人，设计人应按校核意见修改，重新打印白图交校核人签署后，再提交下一级校审。

在校审过程中，校核人员应及时和设计人员交换意见，校审工作中有分歧意见时，原则上应以校审人的意见为准。当分歧意见不能协调一致时，可提请高一级校审人员裁决，审定人意见为最终执行意见。

校审意见宜直接标注在设计文件上，并将所有校审意见用不同色笔标注在供校审的原设计文件上，也可填写在设计文件校审质量单上。但同一专业应采用一种方式校审，校核、审核人员应采用同样方式。

设计人按校审人员在已校审设计文件（包括白图）或设计文件校审质量单上的校审意见，对设计文件逐条修改或落实处理措施并签署后，将修改后的设计文件、校审人员填写的校审意见和已校审的设计文件（包括白图）一起依次返回校审人员检查验证，并由校审人员在原设计文件上或设计文件校审质量单验证栏内和修改后的设计文件上签署。

设计文件经设计、校核、审核（审定）按规定签署完毕后，送有关专业进行会签。

在见习期间的毕业生、新调入公司内的原非设计岗位人员以及其他无职称人员1年内不得单独承担设计，在他人指导下绘制或编制的设计文件（或设计条件、计算书），可和指导人在设计（编制）栏内共同签署，但不得单独签署。

第五节 化工设计项目管理

设计管理是项目管理的一个重要阶段。设计所产生的文件是项目管理后续几个阶段（采购、施工、开车）的依据。因此，设计工作对项目的费用控制、进度控制和工程质量起着决定性的作用。

一、设计组织机构

化工设计工作在化工项目实施的全过程中起主导作用。设计组织机构的设置不仅要有利于设计工作和设计管理，而且还要有利于项目管理。

项目设计组织机构是为完成特定项目设计任务而组织的临时性机构，由项目设计经理和各专业设计人员组成。专业设计人员包括：工艺、系统、管道、设备、电气仪表、土建、公用工程等各专业人员及档案、后勤等人员。

二、设计工作管理

项目经理负责组织基础工作的制订，包括：各专业的工作手册、工作流程图以及质量保证和质量控制手册等，负责项目设计标准、规范、程度、质量的审定，负责专业人员的调度、培训和管理。

项目设计经理则负责进行项目设计数据的管理，项目设计计划的编制，并协助项目经理进行设计进度和费用的控制。

项目设计人员应贯彻执行工作手册、工作程序、质量保证程度的要求，遵循所采用的设计、计算表格和设计文件格式等详细规定，按照项目计划、项目设计计划、项目标准规范、项目建设材料的选用以及项目设计数据等项目或合同的要求，完成所承担的工作任务。

三、项目设计计划

项目设计计划是项目实施计划在设计工作方面的补充和深化。项目设计计划由项目设计经理负责（或组织）编制。各专业负责人参与编制或提供有关资料和数据。项目设计计划经项目经理批准，并提交各专业审议通过。

项目设计计划的主要内容包括：设计工作范围、设计原则、工艺设计、工程设计、标准规范、设备材料采购等。

(1) 设计工作范围　设计工作范围包括：用户名称和地点、项目合同范围的类型、工艺设计分工、项目设计的要求、采购分工及要求、施工委托、开车服务委托、估算服务和费用控制要求、模型要求、预留和发展的规定等。

(2) 设计原则　设计原则为：费用控制原则及对设计的要求、设计人工时控制原则、用户的经济原则、保证条件的要求、特殊安全的要求、质量保证的要求、采用费用设计的情况、进度方面要点、设计基础数据等。

(3) 工艺设计　工艺设计涉及：工艺装置组成、设计能力、技术来源和专利许可证、原料、产品、排出物、各工艺装置或与现有装置间的关系、工艺设计安全系统原则、备用设备原则等。

(4) 工程设计　工程设计内容为：需要分包的内容、环境保护要求和采用标准、各专业的职责分工、明确装置和系统公用工程之间的划分、用户的要求等。

（5）标准规范　工程设计采用标准规范的规定、满足用户对标准规范要求的原则、采用标准的说明等。

（6）设备材料采购　对请购单编制的要求、需要早期订购的设备、对散装材料统计裕量的考虑。

四、设计质量的管理与控制

设计质量直接影响设备材料采购、施工和开车，也影响投产后的连续、稳定和安全生产，因此设计质量是项目质量管理最根本的因素。

为保证设计质量，应建立质量体系，组织制订质量体系文件，并组织实施和持续运行。设计质量的管理和控制主要通过贯彻质量体系文件得以实现。

在项目组织中，对于大型项目，应配备一名项目质量经理；对于小型项目，应配备一名质量工程师，对项目的设计质量进行监督。

项目质量经理或质量工程师对项目设计负有质量责任，即有责任监督、检查各设计专业贯彻执行质量体系文件和项目质量计划，及时发现质量问题，并参与研究解决，或向有关部门报告。项目质量经理或质量工程师负责编制项目质量计划，并监督实施，定期或不定期编写项目设计质量报告，出现质量问题时，应组织或参加质量问题分析。项目质量经理或质量工程师对设计质量的监督和检查不代替设计各岗位的质量保证和质量控制，设计各岗位的质量保证和质量控制仍由设计质量保证程序中规定的各岗位（包括设计、校核、审核）的责任者负责。

项目设计经理对项目的设计质量负有责任，一方面是指项目设计经理有责任监督检查设计各专业在设计过程中严格执行质量体系文件及项目质量计划，要及时与项目质量经理一起研究，提出解决对策和纠正措施，另一方面是指设计经理应对在设计质量保证程序中规定由设计经理负责审查的工作内容的质量负责。项目设计经理有责任监督检查项目设计质量符合质量标准和满足用户的质量要求。项目设计经理应审查项目设计数据的可靠性，审查综合性的设计方案，协调各专业之间的条件关系。

五、设计数据的管理与控制

项目设计数据是项目设计和建设的基础，因此在设计单位与用户的任何有合同性质的协议中，必须包括项目设计数据，而且在项目实施过程中严格进行管理和控制。

项目设计数据有的是从用户那里获得的，有的是与用户协商之后确定的。项目设计数据由设计经理汇总整理，由项目经验审查签署后发表。

项目设计数据在正式发表并用于工程项目实施之前，必须经用户确认。

在项目实施过程中，应列入用户变更通知之中。

如果按规定程序批准了用户变更，项目经理应及时修改项目设计数据后，并注明版次，另行发表。项目设计数据的变更如果涉及总费用的增加或进度的推迟，需得到用户的确认之后，才能向项目组发表和实施。

第三章 列管式换热器工艺设计

第一节 换热器工艺设计概述

一、换热器的应用

在不同温度的流体间传递热能的装置称为换热器,通常又称为热交换器。它是化学、石油化学及石油炼制工业,以及其他一些行业中广泛应用的通用设备。它不仅可以单独作为加热器、冷却器等使用,而且是一些化工单元操作的重要附属设备,因此在化工生产中占有重要的地位。

换热器对化工、炼油工业尤为重要,例如在常减压蒸馏装置中换热器的投资约占总投资的20%,在催化重整及加氢脱硫装置中约占15%。通常,在化工厂的建设中,换热器约占总投资的11%;约占炼油、化工装置设备总投资的40%。

随着化学工业的迅速发展以及能源价格的提高,换热器的投资比例将进一步加大,合理地选用和使用换热器,可节省投资,降低能耗,因此对换热器的研究备受重视。从换热器的设计、制造、结构改进到传热机理的研究一直十分活跃,一些新型高效换热器相继问世。

二、换热器的分类及适用场合

换热器按工艺功能可分为:加热器、冷却器、再沸器、冷凝器、蒸发器等。按冷热物料间的接触方式,又可分为直接式换热器、蓄热式换热器、间壁式换热器等。更为详细的分类及其主要特点与适用场合见表3-1。

表 3-1 换热器的分类、主要特点及一般适用场合

直接式换热器:适用于参加换热的两种流体可相混溶,或允许两者之间有物质扩散、机械夹带的场合				
蓄热式换热器:多用于从高温炉气中回收热量以预热空气或将气体加热至高温。换热过程分两阶段进行				
间壁式换热器(参与换热两流体不相混溶)	管式换热器(一般承压能力强)	蛇管式	沉浸式:用于管内液体冷却、冷凝或管外流体加热、冷却。常用作反应釜传热构件	
			喷淋式:只用于管内流体的冷却或冷凝	
		套管式	可用于冷却器、冷凝器或预热器等。能实现严格的逆流操作	
		列管式(处理量大,能承受高压,可应用于各种传热过程)	刚性结构的固定管板式:用于管、壳温差较小的场合,管间只能通清洁流体	
			带温差补偿的(适用于管、壳温差较大的场合,能降低或消除温差应力)	带挠性构件的(管间不能清洗,只可通清洁流体,可降低温差应力)
				带膨胀节的固定管板式:壳层只能承受较低压力
				带挠性管的固定管板式(少用)
				浮头式:管内外均能承受高压,可用于高温高压场合
				填料函式:管间耐压不高,填料处易漏,管间不宜处理易挥发、易燃、易爆、有毒及压力较高介质
			管束(或换热管,可以自由伸缩,管间可清洗,能消除温差应力)	滑动管板式:密封性能较差,适用于管内外压差较小场合。管束和壳体的相对伸缩量受管板厚度的限制
				U形管式:管内外均能承受高压,多用于高温高压场合。管内不能机械清洗,只能通清洁流体。换热管难于换修
				双套管式:结构比较复杂,可用于高温高压场合,多用于固定床反应器中
	板式换热器(结构紧凑、传热效果好,但承压能力差)	螺旋板式:可进行严格的逆流操作,有自洁作用,可用于回收低温热能		
		成型板式:拆洗方便,传热面可根据需要增减。多用于温度、压力较低的液-液换热。尤其对黏性较大的液体之间换热更为合适		
		板翅式:结构最紧凑,传热效果最好,流体阻力大,若内部损坏,不能重修,只能用于清洁流体的换热,目前主要用于制氧和低温场合		

虽然直接式和蓄热式换热设备具有结构简单、制造容易等特点，但由于在换热过程中，有高温流体和低温流体相互混合或部分混合，使其在应用上受到限制。因此工业上所用换热设备以间壁式换热器居多。间壁式换热器的类型也是多种多样，从其结构上大致可分为管式换热器和板式换热器。不同类型的换热器各有自己的优缺点和适用条件。一般来说，板式换热器单位体积的传热面积较大，设备紧凑（$250\sim1500m^2/m^3$），材耗低（$15kg/m^3$），传热系数大，热损失小，但承压能力较低，工作介质的处理量较小，且制造加工较复杂，成本较高。而管式换热器虽然在传热性能和设备的紧凑性上不及板式换热器，但它具有结构较简单，加工制造比较容易，结构坚固，性能可靠，适应面广等突出优点，因此被广泛应用于化工生产中。特别是列管式换热器在现阶段的化工生产中应用最为广泛，而且设计资料和数据较为完善，技术上比较成熟。

列管式换热器在化工生产中主要作为加热（冷却）器、蒸发器或再沸器及冷凝器使用。在这些不同的传热过程中，有些为无相变传热，有些是有相变传热，它们具有不同的传热机理，遵循不同的流体力学和传热规律，因此在设计方法上存在着差别。以下仅讨论无相变列管换热器的结构、工艺设计及选用，其他各式换热器可参见相关文献。

三、换热设备的基本要求

根据工艺过程或热量回收用途的不同，换热设备可以是加热器、冷却器、蒸发器、再沸器、冷凝器、余热锅炉等，因而设备的种类、形式很多。完善的换热设备在设计或选型时应满足以下各项基本要求。

1. 合理地实现所规定的工艺条件

传热量、流体的热力学参数（温度、压力、流量、相态等）与物理化学性质（密度、黏度、腐蚀性等）是工艺过程所规定的条件。设计者应根据这些条件进行热力学和流体力学的计算，经过反复比较，使所设计的换热器具有尽可能小的传热面积，在单位时间内传递尽可能多的热量。其具体做法如下。

（1）增大传热系数　综合考虑了流体阻力和不发生流体诱发振动的前提下，尽量选择高的流速。提高管内流速，选用较小管径和多管程结构。壳程加折流板，并选用较小挡板间距。

（2）增大平均温度差　对于无相变的流体，尽量采用接近逆流的传热方式。这样不仅可增大平均温度差，还有助于减少结构中的温差应力。在条件允许时，可提高热流体的进口温度或降低冷流体的进口温度。

（3）合理布置传热面　例如在列管式换热器中，采用合适的管间距或排列方式，不仅可加大单位空间内的传热面积，还可以改善流体的流动特性。错列管束的传热方式比并列管束的好。如果换热器中的一侧有相变，另一侧流体为气体，可在气体一侧的传热面上加翅片以增大传热面积，更有利于热量的传递。

2. 结构上安全可靠

换热设备仍然是压力容器，在进行强度、刚度、温差应力以及疲劳寿命计算时，应遵循我国《钢制石油化工压力容器设计规定》（简称《容器设计规定》）与《钢制管壳式换热器设计规定》（简称《换热器设计规定》）等有关规定与标准。

材料的选择也是一个重要环节，不仅要了解材料的机械性能和物理性能、屈服极限、最小强度极限、弹性模量、延伸率、线膨胀系数、热导率等，还应了解其在特殊环境中的耐电化学腐蚀、应力腐蚀、点腐蚀的性能。

3. 制造、安装、操作及维修方便

直立设备的安装费用往往低于水平或倾斜的设备。设备与部件应便于运输与拆装，在厂房移动时不受楼梯、梁、柱等的妨碍；根据需要添置气、液排放口和检查孔与敷设保温层等；对于易结垢的设备（或因操作上波动引起的快速结垢现象，设计中应提出相应对策），可考虑在流体中加入净化剂，就可不必停工清洗，或将换热器设计成两部分，交替进行工作和清洗等。

4. 经济合理

评价换热器的最终指标是：在一定的时间内（通常为1年），固定费用（设备的购置费、安装费等）与操作费（动力费、清洗费、维修费等）的总和为最小。在设计或选型时，如果有几种换热器都能完成生产任务的需要，这一指标尤为重要。

严格地讲，如果孤立地仅从换热器本身来进行经济核算以确定适宜的操作条件与适宜的尺寸是不够全面的，应以整个系统中全部设备为对象进行经济核算或设备的优化。但要解决这样的问题难度很大，当影响换热器的各项因素改变后对整个系统的效益关系影响不大时，按照上述观点单独地对换热器进行经济核算仍然是可行的。

最后，尽可能采用标准系列，这对设计以及检修、维护等各方面均可带来方便。我国已制定了管壳式换热器（GB 151—1999）等标准系列，在设计中应尽量采用。若由于标准系列的规格限制，不能满足工厂的生产要求时，必须进行换热设备的结构设计。

四、换热器设计项目

化工企业中冷却器的应用十分广泛，我们就以一个典型的煤油冷却器的设计项目为例，实施具体的列管式换热器的工艺设计，以下的设计计算皆是以此项目为目标而展开的。

【设计题目】

煤油冷却器的设计

【设计任务及操作条件】

(1) 处理能力 6000kg/h

(2) 设备形式　列管式换热器

(3) 操作条件

① 煤油：入口温度140℃，出口温度40℃

② 冷却介质：循环水，入口温度30℃，出口温度40℃

③ 允许压降：不大于0.4MPa

④ 煤油定性温度下的物性数据：

$$\rho_c = 825 \text{kg/m}^3$$

$$\mu_c = 7.15 \times 10^{-4} \text{Pa} \cdot \text{s}$$

$$c_{pc} = 2.22 \text{kJ/(kg} \cdot \text{℃)}$$

$$\lambda_c = 0.14 \text{W/(m} \cdot \text{℃)}$$

⑤ 每年按330天计，每天24h连续运行

(4) 建厂地址　江苏地区

【设计要求】

选择适宜的列管式换热器并进行核算。

第二节　列管式换热器工艺设计

一、列管式换热器标准简介

列管式换热器的设计资料较完善,已有系列化标准。目前,我国列管式换热器的设计、制造、检验与验收必须遵循中华人民共和国国家标准《钢制管壳式(即列管式)换热器》(GB 151)标准执行。

按该标准,换热器的公称直径做如下规定:卷制圆筒,以圆筒内径作为换热器公称直径,mm;钢管制圆筒,以钢管外径作为换热器的公称直径,mm。

换热器的传热面积:计算传热面积,是以传热管外径为基准,扣除伸入管板内的换热管长度后,计算所得到的管束外表面积的总和,m²。公称传热面积,指经圆整后的计算传热面积。

换热器的公称长度:以传热管长度(m)作为换热器的公称长度。传热管为直管时,取直管长度;传热管为U形管时,取U形管的直管段长度。

该标准还将列管式换热器的主要组合部件分为前端管箱、壳体和后端结构(包括管束)三部分,详细分类及代号见表3-2。

该标准将换热器分为Ⅰ、Ⅱ两级,Ⅰ级换热器采用较高级冷拔传热器,适用于无相变传热和易产生振动的场合。Ⅱ级换热器采用普通级冷拔传热器,适用于重沸、冷凝和无振动的一般场合。

列管式换热器型号的表示方法如下:

$$\times\times\times\ D_N - \frac{p_t}{p_s} - A - \frac{L_N}{d} - \frac{N_p}{N_s}\ \text{I}\ (或\text{Ⅱ})$$

$$①\quad\quad ②\quad\quad ③\quad ④\quad ⑤\quad\ ⑥\quad\quad ⑦$$

① 第一个字母代表前端管箱形式,第二个字母代表壳体形式,第三个字母代表后端结构形式;

② 公称直径(mm),对于釜式重沸器用分数表示,分子为管箱内直径,分母为圆筒内直径;

③ 管/壳程设计压力(MPa),压力相等时只写 p_t;

④ 公称换热面积(m²);

⑤ L_N——公称长度(m),d——换热管外径(mm);

⑥ 管/壳程数,单壳程时只写 N_p;

⑦ Ⅰ级换热器(或Ⅱ级换热器)。

例如,浮头式换热器,平盖管箱,公称直径 500mm,管程和壳程设计压力均为 1.6MPa,公称传热面积 54m²,使用较高级冷拔传热管,外径为 25mm,管长 6m,4 管程单壳程换热器,其型号可表示为:

$$AES\ 500 - 1.6 - 54 - \frac{6}{25} - 4\text{I}$$

表 3-2 列管式换热器详细分类及代号

代号	前端管箱形式	代号	壳体形式	代号	后端结构形式
A	平盖管箱	E	单程壳体	L	与A相似的固定管板结构
B	封头管箱	F	具有纵向隔板的双程壳体	M	与B相似的固定管板结构
		G	分流	N	与C相似的固定管板结构
C	用于可折管束与管板制成一体的管箱	H	双分流	P	填料函式浮头
		I	U形管式换热器	S	钩圈式浮头
N	与管板制成一体的固定管板管箱	J	无隔板分流(或冷凝器壳体)	T	可抽式浮头
		K	釜式重沸器	U	U形管束
D	特殊高压管箱	O	外导流	W	带套环填料函式浮头

二、列管式换热器的设计内容

列管式换热器的设计和分析包括热力设计、流动设计、结构设计以及强度设计。其中以热力设计最为重要。不仅在设计一台新的换热器时需要进行热力设计，而且对于已生产出来,甚至已投入使用的换热器,在检验它是否满足使用要求时,均需进行这方面的工作。

热力设计指的是根据使用单位提出的基本要求,合理地选择运行参数,并根据传热学的知识进行传热计算。

流动设计主要是计算压降,其目的就是为换热器的辅助设备,例如泵的选择做准备。当然,热力设计和流动设计两者是密切关联的,特别是进行热力设计时常常从流动设计中获取某些参数。

结构设计指的是根据传热面积的大小计算其主要零部件的尺寸,例如管子的直径、长度、根数,壳体的直径,折流板的长度和数目,隔板的数目及布置以及连接管的尺寸等。

在某些情况下还需对换热器的主要零部件,特别是受压部件做应力计算,并校核其强度。对于在高温高压下工作的换热器,更不能忽视这方面的工作。这是保证安全生产的前提。在做强度计算时,应尽量采用国产的标准材料和部件,根据我国压力容器安全技术规定进行计算和校核。

列管式换热器的工艺设计主要包括:
(1) 根据生产任务和有关要求确定设计方案;
(2) 初步确定换热器结构和尺寸;
(3) 核算换热器的传热能力及流体阻力;
(4) 确定换热器的工艺结构。

三、列管式换热器设计方案的确定

选择设计方案的原则是要保证达到工艺要求的热流量,操作上要安全可靠,结构上要简单,可维护性要好,尽可能节省操作费用和设备投资。选择设计方案主要包括如下几个问题。

1. 换热器类型的选择

列管式换热器主要有如下几个类型。

(1) 固定管板式换热器 如图3-1所示,固定管板式换热器是用焊接的方式将连接管束的管板固定在壳体两端。它的主要特点是制造方便,紧凑,造价较低。但由于管板和壳体间的结构原因,使得管外侧不能进行机械清洗。另外当管壁温与壳体壁温之差较大时,会产生很大的热应力,严重时会毁坏换热器。

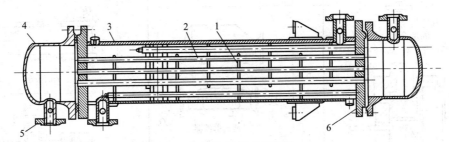

图3-1 固定管板式换热器

1—折流挡板;2—管束;3—壳体;4—封头;5—接管;6—管板

固定管板式换热器适用于壳程流体清洁,不易结垢,或者管外侧污垢能用化学处理方法除掉的场合,同时要求壳体壁温与管壁温之差不能太大。一般情况下,该温差不得大于50℃。若超过此值,应加温度补偿装置,通常是在壳体上加一膨胀节。

但这种装置只能用在管壁温与壳体壁温之差低于60~70℃及壳程压力不高的场合。当壳程流体表压超过0.7MPa时,由于膨胀节的材料较厚,难以伸缩而失去对热变形的补偿作用，此时不宜采用这种结构。

（2）浮头式换热器　如图 3-2 所示，浮头式换热器针对固定管板式的缺陷做了结构上的改进，其是用法兰把管束一端的管板固定到壳体上，另一端管板可以在壳体内自由伸缩，并在这端管板上加一顶盖后称为"浮头"。

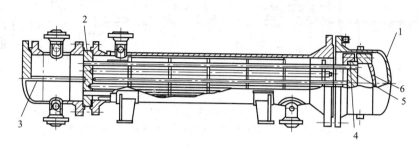

图 3-2　浮头式换热器

1—壳盖；2—固定管板；3—隔板；4—浮头勾圈法兰；5—浮动管板；6—浮头盖

这类换热器的主要特点是管束可以从壳体中抽出，便于清洗管间和管内。管束可以在壳体内自由伸缩，不会产生热应力。

由以上特点可以看出，浮头式换热器的应用范围很广，能在较高的压力下工作，适用于壳体壁温与管壁温差较大或壳程流体易结垢和易腐蚀的场合。

但这种换热器结构较为复杂、笨重，造价约比固定管板式高 20% 左右，材料消耗量大，而且由于浮头的端盖在操作中无法检查，所以在制造和安装时要特别注意其密封，以免发生内漏，管束和壳体的间隙较大，在设计时要避免短路。至于壳程的压力，也受滑动接触面的密封限制。

（3）U 形管式换热器　如图 3-3 所示，这类换热器仅有一个管板，管子两端均固定于同一个管板上，它的管束是由弯成 U 形的传热管组成的。其特点是管束可以自由伸缩，不会产生温差应力，结构简单，造价比浮头式低，管外容易清洗，但管板上排列的管子较少。另外由于管束中心一带存在间隙，且各排管子回弯处曲率不同，长度不同，故壳程流体分布不够均匀，影响传热效果。

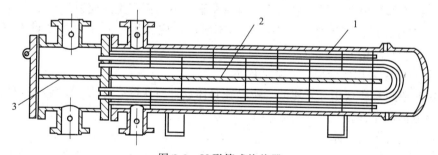

图 3-3　U 形管式换热器

1—U 形管；2—壳程隔板；3—管程隔板

U 形管式换热器适用于壳程流体易结垢，或壳体壁温与管壁温之差较大的场合，但要求管程流体较为清洁，不易结垢。

（4）填料函式换热器　如图 3-4 所示，这类换热器具有浮头换热器的优点，克服了固定管板式换热器的缺点，结构比浮头式简单，制造方便，易于检修清洗。对于一些腐蚀严重，需要经常更换管束的场合，常采用这种换热器。但这种换热器密封性能差，故壳程中不宜处理易燃、易爆或有毒的流体，同时要求壳程流体的压力不宜过高。目前所使用的填料函式换热器的直径一般在 700mm 以下，很少采用大直径的填料函式换热器。

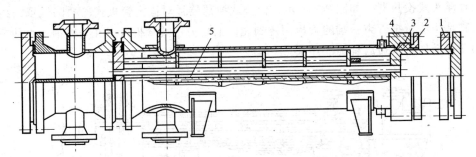

图 3-4　填料函式换热器
1—活动管板；2—填料压盖；3—填料；4—填料函；5—纵向隔板

以上各类换热器是化工生产中常见的几类。

综上所述，选择换热器的形式应根据操作温度、操作压力，冷、热两流体的温度差，腐蚀性、结垢情况和检修清洗等因素进行综合考虑。例如，两流体的温度差较小，又较清洁，不需经常检修，可选择结构较简单的固定管板式换热器。否则，可考虑选择浮头式换热器。从经济角度看，只要工艺条件允许，一般优先选用固定管板式换热器。

2. 流动空间的选择

在管壳式换热器的计算中，首先需决定何种流体走管程，何种流体走壳程，这需要遵循一些一般原则。

① 应尽量提高两侧传热系数中较少的一个，使传热面两侧的传热系数接近。

② 在运行温度较高的换热器中，应尽量减少热量损失，而对于一些制冷装置，应尽量减少其冷量损失。

③ 管、壳程的决定应做到便于清洗除垢和检修，以保证运行的可靠性。

④ 应减小管子和壳体因受热不同而产生的热应力。从这个角度来说，顺流式就优于逆流式。因为顺流式进出口端的温度比较平均，不像逆流式那样，热、冷流体的高温部分均集中于一端，低温部分集中于另一端，易于因两端胀缩不同而产生热应力。

⑤ 对于有毒介质或气体介质，必须使其不泄漏，应特别注意密封，密封不仅要可靠，而且还要求方便及简单。

⑥ 应尽量避免采用贵金属，以降低成本。

以上这些原则有些是相互矛盾的，所以在具体设计时应综合考虑，决定哪一种流体走管程，哪一种流体走壳程。

(1) 宜于走管程的流体

① 不清洁的流体　因为在管内空间得到较高的流速并不困难，而流速高，悬浮物不易沉积，且管内空间也便于清洗。

② 体积小的流体　因为管内空间的流动截面往往比管外空间的截面小，流体易于获得必要的理想流速，而且也便于做成多程流动。

③ 有压力的流体　因为管子承压能力强，而且还简化了壳体密封的要求。

④ 腐蚀性强的流体　因为只有管子及管箱才需用耐腐蚀材料，而壳体及管外空间的所有零件均可用普通材料制造，所以造价可以降低。此外，在管内空间装设保护用的衬里或覆盖层也比较方便，并容易检查。

⑤ 与外界温差大的流体　因为可以减少热量的散逸。

(2) 宜于走壳程的流体

① 当两流体温度相差较大时，α 值大的流体走管间　这样可以减少管壁与壳壁间的温度差，因而也减少了管束与壳体间的相对伸长，故温差应力可以降低。

② 若两流体给热性能相差较大时，α 值小的流体走管间　此时可以用翅片管来平衡传热面两侧的给热条件，使之相互接近。

③ 饱和蒸气　对流速和清理无甚要求，并易于排除冷凝液。

④ 黏度大的流体　管间的流动截面和方向都在不断变化，在低雷诺数（$Re > 100$）下，管外给热系数比管内的大。

⑤ 泄漏后危险性大的流体　可以减少泄漏机会，以保安全。

此外，易析出结晶、沉渣、淤泥以及其他沉淀物的流体，最好通入比较容易进行机械清洗的空间。在固定管板式换热器中，一般易清洗的是管内空间。但在 U 形管、浮头式换热器中，易清洗的都是管外空间。

3. 流向的选择

流向的选择就是决定并流、逆流还是复杂流动。对于无相变传热，当冷、热流体的进、出口温度一定时，逆流操作的平均推动力大于并流，因而传递同样的热流量，所需传热面积较小。就增加传热推动力而言，逆流操作总是优于并流。但在实际换热器中，纯粹的逆流和并流是不多见的。当采用多管程和多壳程时，换热器内流体的流动形式较为复杂。此时需要根据纯逆流平均推动力和修正系数 φ 来计算实际推动力，φ 的数值应大于 0.8，否则应改变流动方式。

4. 流速的选择

换热器内流体速度大小必须通过经济核算进行选择。因此流速增加，给热系数 α 增大，同时亦减少了污垢在管子表面沉积的可能性，降低了垢层的热阻，从而使传热系数 K 值提高，所需传热面积减少，设备投资费也减少。但随着流速的增加，流体阻力也相应增加，动力消耗增大，使操作费用增加。因此，选择适宜的流速是十分重要的，一般应尽可能使管程内流体的 $Re > 10^4$（同时也要注意其他方面的合理性）；黏度高的流体常按层流设计。根据经验，在表 3-3～表 3-5 中列出了一些工业上常用流速的范围，以供参考。

表 3-3　列管式换热器常用流速的范围

流体种类	循环水	新鲜水	一般液体	易结垢液体	低黏度油	高黏度油	气体
管程流速/(m/s)	1.0～2.0	0.8～1.5	0.5～3	>1.0	0.8～1.8	0.5～1.5	5～30
壳程流速/(m/s)	0.5～1.5	0.5～1.5	0.2～1.5	>0.5	0.4～1.0	0.3～0.8	2～15

表 3-4　列管式换热器易燃、易爆液体和气体允许的安全流速

液体名称	乙醚、二硫化碳、苯	甲醇、乙醇、汽油	丙酮	氢气
安全流速/(m/s)	<1	<2～3	<10	≤8

表 3-5　列管式换热器中不同黏度液体的最大流速（以普通钢壁为例）

液体黏度/mPa·s	>1500	1500～500	500～100	100～35	35～1	<1
最大流速/(m/s)	0.6	0.75	1.1	1.5	1.8	2.4

流体在换热器中合理的流速也可以通过允许压力降来决定。在一般情况下，由操作压力决定一合理的压力降，然后通过计算得到相应的流速。合理压力降的规定可参考表 3-6。

表 3-6 换热器的合理压力降

操作情况	减压	低压		中压	较高压
操作压力 p/MPa	0~0.1(绝压)	0~0.07(表压)	0.07~1(表压)	1~3(表压)	3~8(表压)
合理压力降 Δp/MPa	$p/10$	$p/2$	0.035	0.035~0.18	0.07~0.25

5. 载热体的选择

物料在换热器内加热和冷却时,除采用两股工艺流体进行热交换外,常要用另一种流体来给出或带走热量,此流体就称为载热体。起加热作用的载热体叫做加热剂,起冷却或冷凝作用的载热体叫做冷却剂。载热体用量的多少和本身的价格,涉及投资费用的问题,所以选用一种适当的载热体,也是传热过程中的一个重要问题。载热体的种类及适用范围见表 3-7,在选择时应考虑以下几个原则:

表 3-7 载热体的种类及适用范围

种类	载热体名称	温度范围/℃	优点	缺点
加热剂	热水	40~100	可利用工业废水和冷凝水废热作为回收	只能用于低温场合,传热情况不好,本身易冷却,温度不易调节
	饱和蒸气	100~180	易于调节,冷凝潜热大,热利用率高	温度升高,压力也高,对设备要求高,180℃时对应的压力为 10MPa
高温载热体	联苯混合物	液体:15~255 蒸气:255~380	加热均匀,热稳定性好,温度范围宽,易于调节,高温时的蒸气压很低,热焓值与水蒸气接近,对普通金属不腐蚀	价格昂贵,易渗透软性石棉填料,蒸气易燃烧,但不爆炸,会刺激人的鼻黏膜
	水银蒸气	400~800	热稳定好,沸点高,加热温度范围大,蒸气压低	剧毒,设备操作困难
	氯化铝-溴化铝共熔混合物蒸气	200~300	500℃以下,混合物蒸气是热稳定的,不含空气时对黑色金属无腐蚀,不燃烧,不爆炸,无毒,价廉,来源较方便	蒸气压较大,300℃为 1.22MPa
	矿物油	≤250	不需高压加热,温度较高	黏度大,传热系数小,热稳定性差,超过250℃时易分解,易着火,调节困难
	甘油	200~250	无毒,不爆炸,廉价,易得,加热均匀	极易吸水,且吸水后沸点急剧下降
	四氯联苯	100~300	400℃以下有较好的热稳定性,蒸气压低,对铁、钢、不锈钢、青铜等不腐蚀	蒸气可使人体肝脏发生疾病
	熔盐	142~530	常压下温度高	比热容小
	烟道气	≥1000	温度高	传热差,比热容小,易局部过热
	电热法	可达 300	温度范围大,可得特高温度,易调节	成本高
冷却剂	水	0~80	价廉,来源方便	
	空气	≥30	价廉,在缺水地区尤为适宜	
	盐水	−15~0	用于低温冷却	
	氨蒸气	<−15	用于冷冻工业	

(1) 载热体能满足工艺上要求达到的加热(冷却)温度;
(2) 载热体的温度易于调节;
(3) 载热体的饱和蒸气压小,加热过程不会分解;
(4) 载热体的毒性小,不易爆炸,对设备的腐蚀性小;
(5) 载热体的价格低廉,来源充分。

除低温及冷冻外,冷却剂应优先选用水。饱和水蒸气是常用的加热剂,结合具体工艺情况,还可以采用热空气或热水等作加热剂。

6. 流体进出口温度的确定

在换热器设计中,被处理物料的进、出口温度是工艺条件所规定的,加热介质或冷却介质的进口温度一般由来源确定,但它的出口温度则需设计者确定。例如,冷却介质出口温度越高,其用量就越少,回收能量的价值也越高,同时,输送冷却介质的动力消耗即操作费用也越低。但是,冷却介质出口温度越高,传热过程的平均温度差越小,设备投资费用必然增加。因此,流体出口温度的确定是一个经济上的权衡问题。一般经验要求传热平均温度差不宜小于10℃。若换热的目的是加热冷流体,可按同样的原则确定加热介质的出口温度。

若用水作冷却剂,设计时一般取冷却水进、出口的温升为5~10℃。缺水地区选用较大的温升,水源丰富的地区可选用较少的温升。

另外,水的出口温度不宜过高,否则结垢严重。为阻止垢层的形成,常在冷却水中添加阻垢剂和水质稳定剂。即使如此,工业冷却水的出口温度也常控制在40~50℃以内,否则冷却水必须进行预处理,以除去水中所含的盐类。

7. 材质的选择

在进行换热器设计时,换热器各种零、部件的材料,应根据设备的操作压力、操作温度、流体的腐蚀性能以及对材料的制造工艺性能等的要求来选取。当然,最后还要考虑材料的经济合理性。一般为了满足设备的操作压力和操作温度,即从设备的强度或刚度的角度来考虑,是比较容易达到的,但材料的耐腐蚀性能,有时往往成为一个复杂的问题。在这方面考虑不周,选材不妥,不仅会影响换热器的使用寿命,而且也大大提高了设备的成本。至于材料的制造工艺性能,则与换热器的具体结构有着密切关系。

一般换热器常用的材料有碳素钢和不锈钢。

(1)碳素钢 价格低,强度较高,对碱性介质的化学腐蚀比较稳定,很容易被酸腐蚀,在无耐腐蚀性要求的环境中应用是合理的。如一般换热器用的普通无缝钢管,其常用的材料为10号和20号碳素钢。

(2)不锈钢 奥氏体不锈钢以1Cr18Ni9为代表,它是标准18-8奥氏体不锈钢,有稳定的奥氏体组织,具有良好的耐腐蚀性和冷加工性能。

四、列管式换热器的结构

1. 管程结构

介质流经传热管内的通道部分称为管程。

(1)换热器布置和排列间距

① 换热管的规格 由于管长及管程数的确定均和管径及管内流速有关,故应首先确定管径及管内流速。目前国内常用的换热器规格和尺寸偏差见表3-8。

换热器中最常用的管径有 $\phi 19mm \times 2mm$、$\phi 25mm \times 2mm$(1Cr18Ni9Ti)、$\phi 25mm \times 2mm$(碳钢10)。小直径的管子可以承受更大的压力,而且管壁较薄;同时,对于相同的壳径,可排列较多的管子,因此管内表面传热系数可以提高,单位体积的传热面积更大,单位传热面积的金属耗量更少。所以,在管程结垢不很严重以及允许压力降较高的情况下,采用 $\phi 19mm \times 2mm$ 直径的管子更为合理。如果管程走的是易结垢的流体,则应采用较大直径的管子,有时采用 $\phi 38mm \times 2.5mm$ 或更大直径的管子。

标准管子的长度常有 1000mm、1500mm、2000mm、2500mm、3000mm、4500mm、6000mm、7500mm、9000mm、12000mm 等。当选用其他尺寸的管长时,应根据管长的规格,合理裁用,避免材料的浪费。此外还要使换热器具有适宜的长径比。列管式换热器的长径比可在4~25范围内,一般情况下为6~10,竖直放置的换热器长径比为4~6。

表 3-8　常用换热管的规格和尺寸偏差

材料	钢管标准	外径×厚度 /mm×mm	Ⅰ级换热器 外径偏差/mm	Ⅰ级换热器 壁厚偏差/%	Ⅱ级换热器 外径偏差/mm	Ⅱ级换热器 壁厚偏差/%
碳素钢	GB 8163	10×1.5	±0.15		±0.20	
		14×2 19×2 25×2 25×2.5	±0.20	+12 -10	±0.40	+15 -10
		32×3 38×3 45×3	±0.30		±0.45	
		57×3.5	±0.8%	±10	±1%	+12 -10
不锈钢	GB 2270	10×1.5	±0.15		±0.20	
		14×2 19×2 25×2	±0.20	+12 -10	±0.40	±15
		32×2 38×2.5 45×2.5	±0.30		±0.45	
		57×3.5	±0.8%		±1%	

选定了管径和管内流速后，可依据下式确定换热器的单程管子数

$$n_s = \frac{V}{\frac{\pi}{4}d_i^2 u} \tag{3-1}$$

式中　n_s——单程管子数目；
　　　V——管程流体的体积流量，m^3/s；
　　　d_i——换热管内径，m；
　　　u——管内流体流速，m/s。

依次可求得按单管程换热器计算所得的管子长度如下

$$L = \frac{A}{n_s \pi d_o} \tag{3-2}$$

式中　L——按单程计算的管子长度，m；
　　　A——估算的传热面积（要考虑安全系数），m^2；
　　　d_o——管子外径，m。

确定了每程管子长度后，即可求得管程数

$$N_p = \frac{L}{l} \tag{3-3}$$

式中　N_p——管程数（必须取整数）；
　　　l——选取的每程管子长度，m。

换热器的总传热管数为

$$N = N_p n_s \tag{3-4}$$

式中　N——换热器的总管数。

② 管子的排列方式　换热管在管板上的排列有三种基本形式，即正三角形、正方形和同心圆排列，如图 3-5 所示。其中，正三角形和正方形排列也可旋转 45°成转角排列。换热管的排列应使其在整个换热器圆截面上均匀而紧凑地分布，同时还要考虑流体性质、管箱结构及加工制造等方面的问题。目前设计中用得较多的是正三角形和正方形排列法。

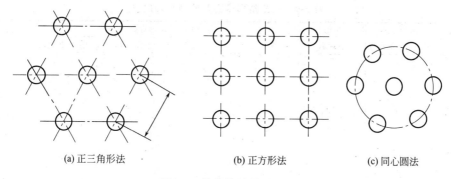

图 3-5　换热管的排列方式

采用正三角形排列，在相同的管板面积上可以排列较多的管数，且管心距相等，便于划线和钻孔，故应用较为普遍。但管外不易进行机械清洗，流体阻力也较大。适用于壳程流体清洁，不易结垢，或污垢可以用化学方法清洗的场合。固定管板式换热器多采用正三角形排列法。

正方形排列在相同的管板面积上可排列的管数较少，但管外易于进行机械清洗，所以适用于管束能抽出清洗管间的场合。浮头式和填料函式换热器中常采用此种排列法。

在小直径换热器中，还可采用同心圆法排列。这种排列方法的优点在于靠近壳体的地方管子分布较为均匀，结构更为紧凑，在小直径换热器中可排的管数比正三角形排列的还多。但当排列圈数超过六圈时，排列的管数就比正三角形少了。

采用正三角形排列时，管子排列面积是一个正六边形，排在正六边形内的换热管数为

$$N = 3a(a+1) + 1 \quad (3-5)$$

式中　N——排列的管子数目；
　　　a——正六边形的个数。

若设 b 为正六边形对角线上管子数目，则

$$b = 2a + 1 \quad (3-6)$$

对于多管程换热器，常采用组合排列法。即每一程内都采用正三角形排列，而在各程之间为了便于安装分程隔板，则采用正方形排列。如图 3-6 所示。

采用正三角形排列，当管子总数超过 127 根（层数大于 6）时，在最外层管子和壳体之间的弓形部分也应排上管子，这样不仅可以增大传热面积，而且消除了传热死角。单管程正三角形排列时，排列的管子数目及管子分布情况见表 3-9。

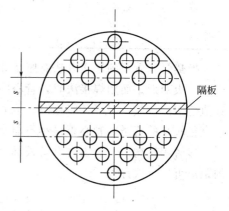

图 3-6　组合排列法

对于多管程换热器，由于分程隔板占据了一部分管板的面积，实际排列的管数比表 3-9 所列的要少，设计时实际的排管数应通过作管板布置图求得。

如果换热设备中一侧流体有相变，另一侧流体为气体，可在气相一侧的传热面上加翅片以增大传热面积，以利于传热。翅片可在管外，也可在管内。翅片与管子的连接可用紧配合、缠绕、粘接、焊接、电焊、热压等方法来实现。具体可参考相关文献资料。

③ 管心距　管板上两换热管中心距离称为管心距（或管间距）。管心距的大小主要与换热管和管板的连接方式有关，此外还要考虑到管板强度和清洗管外表面时所需的空间。

表 3-9 正三角形排列时的换热管数目

正六角形的数目 a	六角形对角线上管数 b	六角形内的管数	弓形部分的管数 第一列	第二列	第三列	弓形处管数	管子总数
1	3	7	—	—	—	—	7
2	5	19	—	—	—	—	19
3	7	37	—	—	—	—	37
4	9	61	—	—	—	—	61
5	11	91	—	—	—	—	91
6	13	127	—	—	—	—	127
7	15	169	3	—	—	18	187
8	17	217	4	—	—	24	241
9	19	271	5	—	—	30	301
10	21	331	6	—	—	36	367
11	23	397	7	—	—	42	439
12	25	469	8	—	—	48	517
13	27	547	9	2	—	66	613
14	29	631	10	5	—	90	721
15	31	721	11	6	—	102	823
16	33	817	12	7	—	114	931
17	35	919	13	8	—	126	1045
18	37	1027	14	9	—	138	1165
19	39	1141	15	12	—	162	1303
20	41	1261	16	13	4	198	1459
21	43	1387	17	14	7	228	1616
22	45	1519	18	15	8	246	1765
23	47	1657	19	16	9	264	1921

换热管和管板的连接方法有胀接和焊接两种,当用胀接法时,采用过小的管心距,常会造成管板变形。而用焊接法时,管心距过小,也很难保证焊接质量,因此管心距应有一定的数值范围。一般情况下,胀接时,取管心距 $t=(1.3\sim1.5)d_o$;焊接时,取 $t=1.25d_o$。对于直径较小的管子,管心距最小不能小于 (d_o+6) mm。而且 t/d_o 值应稍大些。

多管程结构中,隔板占有管板部分面积。一般情况下,隔板中心到离其最近一排管中心的距离可用下式计算

$$s=\frac{t}{2}+6 \text{ (mm)} \tag{3-7}$$

于是可求各程相邻管子的管心距为 $2s$ (见图 3-6),表 3-10 列出了常见换热管布置的管心距。

表 3-10 常见管心距

管外径/mm	19	25	32	38	57
管心距/mm	25	32	40	48	70
各程相邻管的管心距/mm	38	44	52	60	84

④ 换热管材质　管子材料常用的为碳素钢、低合金钢、不锈钢、铜、铜镍合金、铝合金等。应根据工作压力、温度和介质腐蚀性等条件决定。此外还有一些非金属材料,如石墨、陶瓷、聚四氟乙烯等亦有采用。在设计和制造换热器时,正确选用材料很重要。既要满足工艺条件的要求,又要经济。对化工设备而言,由于各部分可采用不同的材料,应注意由于不同种类的金属接触而产生的电化学腐蚀作用。

(2) 管板　管板的作用是将受热管束连接在一起，并将管程和壳程的流体分隔开来。管板在换热器的制造成本中占有相当大的比重，管板设计与管板上的孔数、孔径、孔间距、开孔方式以及管子的连接方式有关。其计算过程较为复杂，而且从不同角度出发计算出的管板厚度往往相差很大。一般浮头式换热器受力较小，其厚度只要满足密封性即可。对于胀接的管板，考虑胀接刚度的要求，其管板的最小厚度 δ_{min}（不包括腐蚀裕量）有如下规定：

a. 用于易燃、易爆及有毒介质等严格场合时，管板的最小厚度不应小于换热管的外径 d_o。

b. 用于一般场合时，管板的最小厚度应符合如下要求：

$d_o \leq 25$mm 时　　　　$\delta_{min} \geq 0.75 d_o$

25mm $< d_o < 50$mm 时　　$\delta_{min} \geq 0.70 d_o$

$d_o \geq 50$mm 时　　　　$\delta_{min} \geq 0.65 d_o$

考虑到腐蚀裕量，以及有足够的厚度才能防止接头的松脱、泄漏和引起振动等原因，建议最小厚度应大于 20mm。

常用的兼做法兰固定管板式换热器的管板厚度列于表 3-11，供设计时参考。

表 3-11　固定管板式换热器管板厚度

公称直径/mm	公称压力/MPa	管板厚度/mm	公称直径/mm	公称压力/MPa	管板厚度/mm	公称直径/mm	公称压力/MPa	管板厚度/mm
800	0.6	32	159	1.6	30	159	2.5	32
1000	0.6	36	219	1.6	32	219	2.5	34
1200	0.6	40	273	1.6	36	273	2.5	40
1400	0.6	40	325	1.6	38	325	2.5	42
1600	0.6	44	400	1.6	42	400	2.5	46
1800	0.6	50	500	1.6	46	500	2.5	48
400	1.0	40	600	1.6	46	600	2.5	56
500	1.0	40	700	1.6	52	700	2.5	58
600	1.0	42	800	1.6	54	800	2.5	58
700	1.0	42	900	1.6	54	900	2.5	64
800	1.0	50	1000	1.6	56	1000	2.5	66
900	1.0	50	1200	1.6	64	1200	2.5	74
1000	1.0	50	1400	1.6	72	1400	2.5	82
1200	1.0	56	1600	1.6	72	1600	2.5	86
1400	1.0	58	1800	1.6	72	1800	2.5	92
1600	1.0	66	2000	1.6	74	2000	2.5	94
1800	1.0	66						
2000	1.0	68						

注：表中所列厚度适应于多管程情况；当壳程与管程的设计压力不相同时，按压力高的选取。

① 管子与管板的连接　管子与管板的连接是管壳式换热器制造中最主要的问题。对于固定管板式换热器，除了要求连接处保证良好的密封性以外，还要求接合处能承受一定的轴向力，避免管子从管板中拉脱。

管子与管板的连接形式主要有胀接、焊接和胀焊结合三种。如图 3-7 所示。

a. 胀接。是利用胀管器挤压伸入管板孔中的管子端部，使管端发生塑性变形，管板孔同时产生弹性变形，当取出胀管器后，管板孔弹性收缩，管板与管子间就产生一定的挤压力，紧密地贴在一起，达到密封与紧固连接的目的。为了提高抗拉脱力和增强密封性，可将管口翻边和在管板孔中开环形小槽，当胀管后，管子发生塑性变形，管壁被嵌入槽内，所以

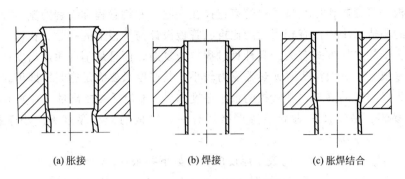

(a) 胀接　　　　(b) 焊接　　　　(c) 胀焊结合

图 3-7　管子与管板的连接形式

介质不易外漏。胀接一般用在换热器为碳素钢，管板为碳素钢或低合金钢，设计压力不超过 4MPa，设计温度在 300℃ 以下，操作中无剧烈振动，无过大温度变化及无严重应力腐蚀的场合。

随着制造技术的发展，近年来出现了液压胀管与爆炸胀管等新工艺。其具有生产率高，劳动强度低，密封性好等特点，现在已逐渐得到推广使用。

b. 焊接。应用广泛。它加工简单，连接强度可靠，可使用较薄的管板，在高温高压时也能够保证连接的紧密性和抗拉脱性。管子焊接处如有渗漏可以补焊，如须调换管子，可以用专用工具拆卸破漏管。但在焊接处容易产生裂纹，容易在接头处产生应力腐蚀。由于管子与管板孔间存在间隙，间隙中的介质会形成死区，造成间隙腐蚀。焊接结构不适用于有较大振动及有间隙腐蚀的场合。

c. 胀焊结合。单独采用胀接或焊接均有一定的局限性，为了弥补不足，出现了胀焊结合的形式。采用这种结构可以消除管子与管板孔的间隙，增加抗疲劳的性能，提高使用寿命。胀焊结合适用于密封性能较高，承受振动或疲劳载荷，有间隙腐蚀等场合。

② 管板与壳体的连接　列管式换热器管板与壳体的连接结构可分为可拆式和不可拆式两大类。固定管板式换热器的管板与壳体间采用不可拆的焊接方式，而浮头式、U 形管式和填料函式换热器的管板与壳体间采用可拆式连接。

由于温度、压力及物料性质不同，所以管板与壳体的焊接形式不同。如图 3-8 所示，是当管板兼作法兰时，常见的几种管板与壳体的焊接形式，图 (a) 管板开槽壳体嵌入槽内后

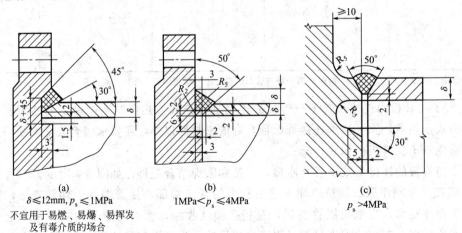

(a)　　　　　　　　　　(b)　　　　　　　　　　(c)
$\delta \leqslant 12mm, p_s \leqslant 1MPa$　　　$1MPa < p_s \leqslant 4MPa$　　　$p_s > 4MPa$
不宜用于易燃、易爆、易挥发
及有毒介质的场合

图 3-8　兼作法兰的管板与壳体的焊接形式

再进行焊接,壳体容易对中,施焊方便,适用于设计压力 1MPa 以下的场合,不宜用于易燃、易爆、易挥发及有毒的流体。图(b)适用于设计压力大于 1MPa、小于等于 4MPa 的场合。当设备直径较大,管板较厚,设计压力大于 4MPa 时,可用图(c)的焊接形式。图中 p_s 表示设计压力。

管板不兼作法兰时,管板与壳体的焊接方式如图 3-9。其中图(b)所示的焊接结构考虑了管板较厚的因素,可达到减小焊接应力的目的,提高了焊接质量。

由于浮头式、U 形管式和填料函式换热器的管束要从壳体中抽出,以便清洗管间,故需将固定管板做成可拆式连接。图 3-10 为浮头式换热器固定管板的连接方式,管板夹于壳体法兰和顶盖法兰之间,卸下顶盖就可把管板连同管束从壳体中抽出。

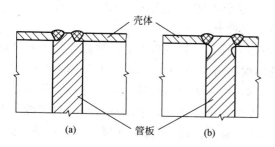 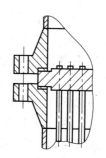

图 3-9　不兼作法兰的管板与壳体的焊接形式　　　图 3-10　管板与壳体可拆式连接

③ 管板与管程隔板的连接　管板与管程隔板的密封结构如图 3-11 所示,管板上开槽,分程隔板插入槽内,槽的底面与管板密封面必须在同一平面上。隔板的密封面宽度最小为 $(\delta+2)$。分程隔板槽深不宜小于 4mm,槽宽一般为 12mm。当隔板厚度大于 10mm 时,密封面处应按图 3-12 削边至 10mm。大直径换热器的分程隔板应设计成双层结构,管板与分程隔板的密封形式与单程隔板相同,如图 3-13 所示,双层隔板有一隔热空间,可以减少管程流体通过隔板的传热。必要时可在每一程隔板的最高点和最低点处开 ϕ6mm 的放气孔或排液孔,以便排除每一程的残液。

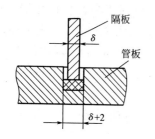 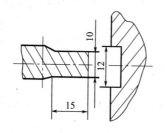 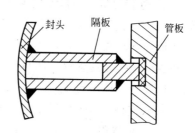

图 3-11　管板与管程隔板的连接　　图 3-12　隔板削边尺寸　　图 3-13　双层隔板结构与密封

④ 管板与管箱的连接　固定管板式换热器的管板可兼作法兰,与管箱法兰的连接形式如图 3-14 所示。图(a)所示的形式适用于在管程与壳程的操作压力为 1.6MPa,对气密性要求不高的情况。当气密性要求较高,可选用图(b)所示形式,榫槽密封面虽有良好的密封性能,但有制造要求较高、加工困难、垫片窄、安装不便等缺点,所以一般情况下,尽可能采用凹凸面形式来代替,如图(c)所示。

(3) 封头和管箱　封头和管箱位于壳体两端,其作用是控制及分配管程流体。

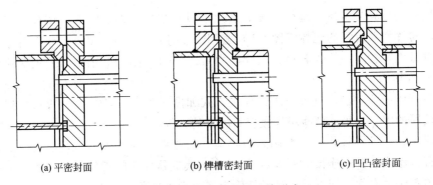

(a) 平密封面　　　(b) 榫槽密封面　　　(c) 凹凸密封面

图 3-14　管板与管箱的连接形式

① 封头　当壳体直径较小时常采用封头。接管和封头可用法兰或螺纹连接，封头与壳体之间用螺纹连接，以便卸下封头，检查和清洗管子。

② 管箱　换热器管内流体进出口的空间称为管箱。其结构主要以换热器是否需要清洗或管束是否需要分程等因素来决定。常用的结构如图 3-15 所示。图 (a) 所示结构，在清洗时必须拆下外部管道；若改用图 (b) 所示结构，由于为侧向接管，则不必拆下外部管道就可将管箱拆下；图 (c) 所示结构是将管箱上盖做成可拆式的，清洗或检修时只需拆下上盖即可，不必拆管箱，但需要增加一对法兰；图 (d) 的结构省去了管板与壳体的法兰连接，使结构简化，但更换管子不太方便。

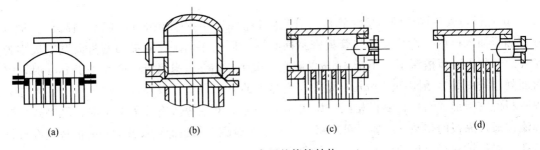

(a)　　　(b)　　　(c)　　　(d)

图 3-15　常用的管箱结构

③ 分程隔板　当需要的换热面很大时，可采用多管程换热器。对于多管程换热器，在管箱内应设分程隔板，将管束分为顺次串接的若干组，各组管子数目大致相等。这样可提高介质流速，增强传热。管程多者可达 16 程，常用的有 2、4、6 程，其布置方案见表 3-12。在布置时应尽量使管程流体与壳程流体成逆流布置，以增强传热，同时应严防分程隔板的泄漏，以防止流体的短路。

隔板材料与封头材料相同。分程隔板的最小厚度不应小于表 3-13 的规定。

2. 壳程结构

介质流经传热管外面的通道部分称为壳程。

壳程内的结构，主要由折流板、支承板、纵向隔板、旁路挡板及缓冲板等元件组成。由于各种换热器的工艺性能、使用的场合不同，壳程内对各种元件的设置形式亦不同，以此来满足设计的要求。各元件在壳程的设置，按其不同的作用可分为两类：一类是为了壳侧介质对传热管最有效的流动，来提高换热设备的传热效果而设置的各种挡板，如折流板、纵向隔板、旁路挡板等；另一类是为了管束的安装及保护列管而设置的支承板、管束的导轨以及缓冲板等。

表 3-12 分程隔板的布置方案

程 数	1	2	4			6	
流动顺序	○	①/②	1/2/3/4	1 2 / 3 4	1/3 2/4	2 3/5 4/6	2 1/6 4/6 5
管箱隔板	○	⊖	⊖	⊕	⊖	⊖	⊖
介质返回侧隔板	○	○	⊖	⊖	⊖	⊖	⊖

表 3-13 分程隔板的最小厚度

公称直径/mm	隔板最小厚度/mm	
	碳素钢及低合金钢	高合金钢
≤600	8	6
>600~≤1200	10	8
>1200~≤2000	14	10

(1) 壳体　壳体是一个圆筒形的容器，壳壁上焊有接管，供壳程流体进入或排出之用。直径小于 400mm 的壳体通常用钢管制成，大于 400mm 的可用钢板卷焊而成。壳体材料根据工作温度选择，有防腐要求时，大多考虑使用复合金属板。

介质在壳程的流动方式有多种形式，单壳程形式应用最为普遍。如壳侧传热膜系数远小于管侧，则可用纵向挡板分隔成双壳程形式。用两个换热器串联也可得到同样的效果。为降低壳程压降，可采用分流或错流等形式。

① 壳体内径计算　壳体内径 D 取决于传热管数 N、排列方式和管心距 t。计算式如下：

单管程

$$D = t(n_c - 1) + (2 \sim 3)d_o \tag{3-8}$$

式中　t——管心距，mm；

d_o——换热器外径，mm；

n_c——穿过管束中心线的管数，该值与管子排列方式有关。

正三角形排列　　　　$n_c = 1.1\sqrt{N}$ (3-9)

正方形排列　　　　　$n_c = 1.19\sqrt{N}$ (3-10)

多管程

$$D = 1.05t\sqrt{N/\eta} \tag{3-11}$$

式中　η——管板利用率。

正三角形排列　　2 管程　$\eta = 0.7 \sim 0.85$

　　　　　　　　>4 管程　$\eta = 0.6 \sim 0.8$

正方形排列　　　2 管程　$\eta = 0.55 \sim 0.87$

　　　　　　　　>4 管程　$\eta = 0.45 \sim 0.65$

壳体内径 D 的计算值最终应圆整到标准值，见表 3-14。用钢板卷制壳体的公称直径以 400mm 为基数，以 100mm 为进级挡，必要时，可采用 50mm 为进级挡。当公称直径小于等于 400mm 时，可用钢管制作。

必须指出，以式(3-11)计算的多管程换热器壳体内径，所得结果仅作参考，确定壳体内径的可靠方法是按比例在管板上画出隔板位置，并进行排管，从而确定壳体内径。

表 3-14 标准尺寸

壳体内径/mm	325	400	500	600	700	800	900	1000	1100	1200
最小壁厚/mm	8	10					12		14	

② 壳体壁厚计算　当换热器受内压时，壳体壁厚可用下式计算

$$\delta = \frac{pD}{2[\sigma]\phi - p} + C \tag{3-12}$$

式中　δ——壳体壁厚，mm；
　　　p——操作时的内压力（表压），0.01MPa；
　　　$[\sigma]$——材料许用应力，0.01MPa；
　　　ϕ——焊缝系数，单面焊缝 $\phi=0.65$，双面焊缝 $\phi=0.85$；
　　　C——腐蚀裕量，其范围在 1~8mm 之间，根据流体的腐蚀性而定。

根据上式计算出壳体壁厚后，还应适当考虑安全系数，以及开孔的强度补偿措施，一般都应大于表 3-14 中的最小壁厚。

若壳体受外压时，其计算方法可参见有关文献。

(2) 折流板和支承板

① 折流板　在壳程管束中，一般都装有横向折流板，用以引导流体横向流过管束，增加流体速度，以增强传热；同时起支撑管束、防止管束振动和管子弯曲的作用。

折流板的形式有圆缺型、环盘型和孔流型等。

圆缺型折流板又称弓型折流板，是常用的折流板，有水平圆缺和垂直圆缺两种，如图 3-16(a)、(b) 所示。切缺率（切掉圆弧的高度与壳内径之比）通常为 20%~50%（常用 20% 和 25% 两种）。垂直圆缺用于水平冷凝器、水平再沸器和含有悬浮固体粒子流体用的水平热交换器等。垂直圆缺时，不凝气不能在折流板顶部积存，而在冷凝器中，排水也不能在折流板底部积存。

环盘型折流板如图 3-16(c) 所示，是由圆板和环形板组成的，压降较小，但传热也差些。在环形板背后会堆积不凝气或污垢，所以不多用。

孔流型折流板会使流体穿过折流板孔和管子之间的缝隙流动，压降大，仅适用于清洁流体，其应用更少。

折流板的间距对壳程流体的流动也有重要影响。间距太大，不能保证流体垂直流过管束，使管外给热系数下降；间距太小，不便于制造和检验，阻力也较大。一般取折流板间距为壳体内径的 0.2~1.0，且不小于 50mm。我国系列标准中采用的折流板间距为：固定管板式有 100mm、150mm、200mm、300mm、450mm、

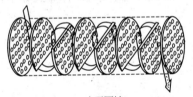
(a) 水平圆缺

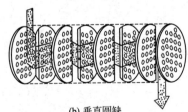
(b) 垂直圆缺

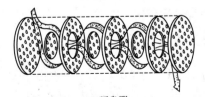
(c) 环盘型

图 3-16　折流板形式

600mm、700mm 七种；浮头式有 100mm、150mm、200mm、250mm、300mm、350mm、450mm（或 480mm）、600mm 八种。

② 支承板 在卧式换热器内设置折流板，既起折流板作用又起支撑作用，但当工艺上不需要设置折流板，而管子又比较细长时，为了防止管子弯曲变形、振动以及便于安装，仍要设置一定数量的支承板。一般支承板多做成圆缺形状，与圆缺型折流板相同，其圆形缺口高度一般是壳体内径的 40%~45%。支承板的最大间距与管子直径和管壁温度有关，也不得大于传热管的最大无支撑跨距。

折流板或支承板的最小厚度参见表 3-15。

换热器在其允许使用温度范围内的最大无支撑跨距参见表 3-16。

表 3-15 折流板或支承板的最小厚度

壳体公称直径/mm	相邻两折流板间距/mm					
	≤300	>300~≤600	>600~≤900	>900~≤1200	>1200~≤1500	>1500
	折流板或支承板最小厚度/mm					
≤400	3	4	5	8	10	10
>400~≤700	4	5	6	10	10	12
>700~≤900	5	6	8	10	12	16
>900~≤1500	6	8	10	12	16	16
>1500~≤2000	—	10	12	16	20	20

表 3-16 最大无支撑跨距

换热器外径/mm	10	14	16	19	25	32	38	45	57
最大无支撑跨距/mm	800	1100	1300	1500	1900	2200	2500	2800	3200

（3）防冲挡板与导流筒

① 防冲挡板 为防止壳程进口处流体直接冲击传热管，产生冲蚀和管束振动，必要时应在壳程进口接管处设置防冲挡板，或称缓冲板，如图 3-17 所示。它还有使流体沿管束均匀分布的作用。一般当壳程介质为气体或蒸汽时，应设置防冲挡板。对于液体物料，则以其密度和入口管内流速平方的乘积 ρu^2 来确定是否设置。非腐蚀性和非磨蚀性物料，当 $\rho u^2 > 2230 kg/(m \cdot s^2)$ 时，应设置防冲挡板。一般液体，当 $\rho u^2 > 740 kg/(m \cdot s^2)$ 时，则需设置。

防冲挡板面到壳体内壁的距离，应不小于接管外径的 1/4。防冲挡板的直径（防冲挡板为正方形时则为边长），应大于接管外径 50mm。防冲挡板的最小壁厚：碳素钢为 4.5mm；不锈钢为 3mm。

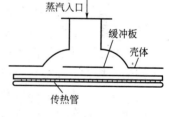

图 3-17 防冲挡板

② 导流筒 当壳体法兰用高颈法兰或壳程进出口管径较大时，壳程进出口到管板的距离都比较大，造成管板与换热器连接处的死区，使得靠近两端管板的换热器利用率很低，为此，可采用导流筒结构。导流筒能把壳程流体引向管板方向，以消灭上述死区，改善两端流体的分布，提高传热效率。除此之外，还能起到防冲挡板的作用，保护管束免受冲击。

导流筒常见的有内导流筒和外导流筒两种类型。图 3-18 所示为内导流筒结构，它是设置在壳体内部的一个短筒，靠近管板一端敞开，另一端与壳体近似密封。内导流筒外表面到壳体内壁的距离不宜小于接管外径的 1/3，导流筒端部至管板的距离，应使该处的环形流通截面积不小于导流筒的外侧流通截面积。图 3-19 所示为外导流筒的结构，内衬筒外表面到外导流筒内表面的距离 h 为：当接管外径 $d \leqslant 200\text{mm}$ 时，$h \geqslant 50\text{mm}$；当接管外径 $d >200\text{mm}$ 时，$h \geqslant 75\text{mm}$。

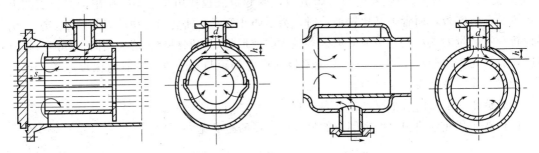

图 3-18　内导流筒结构　　　　　　图 3-19　外导流筒结构

导流筒还有其他结构形式，可参见相关文献资料。

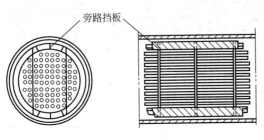

图 3-20　旁路挡板

(4) 旁路挡板　如果壳体和管束之间的环隙过大，则流体会通过该环隙短路。为防止这种情况发生，必要时应设置旁路挡板。如图 3-20 所示。另外，在换热器分程部分，往往间隙也较大，为防止短路发生，也可在适当部位安装挡板。

挡板加工成规则的长条状，采用纵向对称布置，一般用点焊将长条状挡板固定在两折流板之间，迫使壳程流体通过管束与管内流体进行换热。挡板的厚度与折流板或支承板相同，旁路挡板的数量推荐如下：

公称直径 $D_N \leqslant 500\text{mm}$ 时，一对挡板；

$500\text{mm} < D_N \leqslant 1000\text{mm}$ 时，两对挡板；

$D_N > 1000\text{mm}$ 时，不少于三对挡板。

(5) 接管　换热器流体进出口接管对换热器性能也有一定影响。管程流体进出口接管不宜采用轴向接管。如必须采用，应考虑设置管程防冲挡板，以防流体分布不良或对管端的腐蚀。接管直径取决于处理量和适宜的流速，同时还应考虑结构的协调性及强度要求。

换热器的进出口接管直径，根据流体的体积流量，选择适宜的进出口流速后，按下式计算

$$d = \sqrt{\frac{4V}{\pi u}} \qquad (3\text{-}13)$$

式中　d——接管内径，m；

　　　V——流体的体积流量，m^3/s；

　　　u——接管中流体的流速，在适宜范围内选取（参考表 3-3～表 3-5），m/s。

由上式计算所得的管径需按管子规格进行圆整。

(6) 拉杆和定距管　为了使折流板或支承板能牢固地保持在一定位置上，通常采用拉杆和定距管，如图 3-21 所示。

拉杆是两端皆带有螺纹的长杆，一端拧入管板中，折流板穿在拉杆上，各板之间用套在

拉杆上的定距管固定并保持板间距离。定距管可用与换热器直径相同的管子。最后一块折流板用两螺丝拧在拉杆上予以紧固。此种连接适用于换热管外径≥19mm 的管束。若换热管外径≤14mm 时，拉杆与折流板或支承板的连接一般采用点焊结构。图 3-21 中 l_2 的长度为：拉杆直径为 10mm 时，$l_2 > 13$mm；拉杆直径为 12mm 时，$l_2 > 15$mm；拉杆直径为 16mm 时，$l_2 > 20$mm。

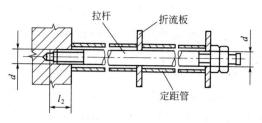

图 3-21　拉杆和定距管结构

换热器的拉杆直径和数量可按表 3-17 和表 3-18 选用。拉杆应尽量均匀分布在管束外缘，靠近折流板缺边位置处。在保证大于或等于表 3-18 所给定的拉杆总截面积的前提下，拉杆直径和数量可以变动，但其直径不得小于 10mm，数量不少于 4 根。

表 3-17　拉杆直径

换热管外径/mm	≥10~<14	≥14~<25	≥25~<57
拉杆直径/mm	10	12	16

表 3-18　拉杆数量

公称直径/mm		<400	≥400~<700	≥700~<900	≥900~<1300	≥1300~<1500	≥1500~<1800	≥1800~<2000
拉杆直径/mm	10	4	6	10	12	16	18	24
	12	4	4	8	10	12	14	18
	16	4	4	6	6	8	10	12

（7）假管　在多程换热器的分程隔板处不能排管，部分壳程流体将由此流过，不利于传热。为此可在分程隔板槽的背面两块管板之间安装假管，又称挡管，如图 3-22 所示。假管的表面形状为不穿过管板且两端堵死的管子，与换热管规格相同。假管应与任意一块折流板点焊固定，通常每隔 3~4 排换热管安置一根，但不应设置在折流板缺口处。假管伸出第一块及最后一块折流板或支承板的长度应不大于 50mm。

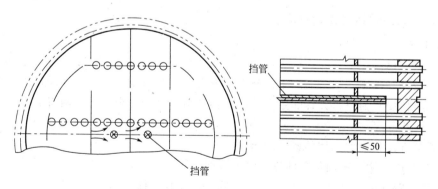

图 3-22　假管安装位置

（8）温差应力补偿　在固定管板式换热器中，由于管子与管板、管板与壳体都是刚性连接，当管壁与壳壁的温差较大时，产生的温差应力会使管子弯曲变形或从管板上松脱，造成泄漏。

当管壁与壳壁的温差大于 50℃时，就要采用温差补偿装置。最常用的是在固定管板式换热器上设置膨胀节，利用膨胀节的弹性变形减少温差应力。这种补偿方式简单，但补偿能力有限，适用于管壁与壳壁温差小于 70℃ 的场合。另外，当壳程流体压力较大时，由于强度要求，使补偿圈过厚，难以伸缩，失去温差补偿作用，就应采用其他补偿结构，如浮头式、U 形管式、填料函式换热器。利用这类换热器管束有一端能自由伸缩的特点，完全消除了温差应力。

膨胀节的形式较多，图 3-23 所示是几种。平板焊接的膨胀节结构简单，便于制造，但挠性较差，只适用于常压和低压的场合。夹壳式膨胀节可用于压力较高的场合。最常用的是波形膨胀节，当要求补偿量较大时，可采用多波膨胀节。

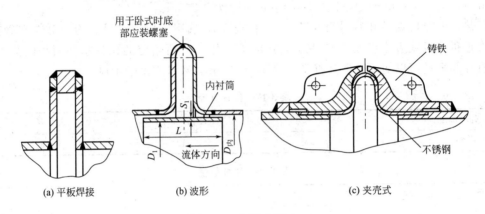

图 3-23　膨胀节形式

为了减少流体通过膨胀节的阻力和防止物料在波壳内的沉积，常在容器内的膨胀节处焊一个起导流作用的内衬筒。当膨胀节用于卧式容器时，应在其最底部安装螺塞，以便排除壳体内的残留液体。膨胀节应尽量设置在管板处，当设备垂直安装时，支撑的位置最好放在膨胀节的上面。

对于波形膨胀节，国家已有系列标准（GB 16749—1997），其基本参数和尺寸可在标准中查得。

五、列管式换热器的设计计算

1. 设计步骤

目前，我国已制定了管壳式换热器系列标准，设计中应尽可能选用系列化的标准产品，这样可简化设计和加工。但是实际生产条件千变万化，当系列化产品不能满足需要时，仍应根据生产的具体要求而自行设计非系列标准的换热器。此处扼要介绍这两者的设计计算的基本步骤。

（1）系列标准换热器选用的设计步骤

① 了解换热流体的物理化学性质和腐蚀性能。

② 由热平衡计算换热量的大小，并确定第二种换热流体的用量。

③ 决定流体通入的空间。

④ 计算流体的定性温度，以确定流体的物性数据。

⑤ 初算有效平均温差。一般先按逆流计算，然后再校核。

⑥ 选取经验的传热系数 K 值，可参考表 3-19。

⑦ 计算传热面积。

⑧ 由系列标准选取换热器的基本参数。

表 3-19　经验传热系数 K 值的大致范围

管内(管程)	管间(壳程)	传热系数 K	
		$W/(m^2 \cdot K)$	$kcal/(m \cdot h \cdot ℃)$
水(0.9~1.5m/s)	净水(0.3~0.6m/s)	582~698	500~600
水	水(流速较高时)	814~1163	700~1000
冷水	轻有机物($\mu<0.5\times10^{-3}$ Pa·s)	467~814	350~700
冷水	中有机物[$\mu=(0.5~1)\times10^{-3}$ Pa·s]	290~698	250~600
冷水	重有机物($\mu>1.0\times10^{-3}$ Pa·s)	116~467	100~350
盐水	轻有机物($\mu<0.5\times10^{-3}$ Pa·s)	233~582	200~500
有机溶剂	有机溶剂(0.3~0.55m/s)	198~233	170~200
轻有机物($\mu<0.5\times10^{-3}$ Pa·s)	轻有机物($\mu<0.5\times10^{-3}$ Pa·s)	233~465	200~400
中有机物[$\mu=(0.5~1)\times10^{-3}$ Pa·s]	中有机物[$\mu=(0.5~1)\times10^{-3}$ Pa·s]	116~349	100~300
重有机物($\mu>1.0\times10^{-3}$ Pa·s)	重有机物($\mu>1.0\times10^{-3}$ Pa·s)	58~233	50~200
水(1m/s)	水蒸气(有压力)冷凝	2326~4652	2000~4000
水	水蒸气(常压或负压)冷凝	1745~3489	1500~3000
水溶液($\mu<2.0\times10^{-3}$ Pa·s)	水蒸气冷凝	1163~4071	1000~3500
水溶液($\mu>2.0\times10^{-3}$ Pa·s)	水蒸气冷凝	582~2908	500~2500
有机物($\mu<0.5\times10^{-3}$ Pa·s)	水蒸气冷凝	582~1193	500~1000
有机物[$\mu=(0.5~1)\times10^{-3}$ Pa·s]	水蒸气冷凝	291~582	250~500
有机物($\mu>1.0\times10^{-3}$ Pa·s)	水蒸气冷凝	116~349	100~300
水	有机物蒸气及水蒸气冷凝	582~1163	500~1000
水	重有机物蒸气(常压)冷凝	116~349	100~300
水	重有机物蒸气(负压)冷凝	58~174	50~150
水	饱和有机溶剂蒸气(常压)冷凝	582~1163	500~1000
水	含饱和水蒸气和氯气(20~50℃)	174~349	150~300
水	SO_2(冷凝)	814~1163	700~1000
水	NH_3(冷凝)	698~930	600~800
水	氟利昂(冷凝)	756	650

⑨ 校核传热系数，包括管程、壳程对流传热系数的计算。假如核算的 K 值与原选的经验值相差不大，就不再进行校核；如果相差较大，则需要重新假设 K 值并重复上述（6）以下步骤。

⑩ 校核有效平均温差。

⑪ 校核传热面积，使其有一定安全系数，一般安全系数取 1.1~1.25，否则需重新设计。

⑫ 计算流体流动阻力，如超过允许范围，需重选换热器的基本参数再行计算。

（2）非系列标准换热器的一般设计步骤

①～⑤步与系列标准换热器选用的设计步骤相同。

⑥ 选取管径和管内流速。

⑦ 计算传热系数 K 值，包括管程对流传热系数和壳程对流传热系数。由于壳程对流传热系数与壳径、管束等结构有关，因此一般先假设一个壳程对流传热系数，以计算 K 值，然后再作校核。

⑧ 初步估算传热面积。考虑安全系数和初估性质，因而常取实际传热面积是计算值的 1.15~1.25 倍。

⑨ 选择管长 L。

⑩ 计算管数 N。

⑪ 校核管内流速，确定管程数。

⑫ 画出排管图，确定壳径 D 和壳程挡板形式及数量等。

⑬ 校核壳程对流传热系数。

⑭ 校核有效平均温差。
⑮ 校核传热面积，应有一定的安全系数，否则需重新设计。
⑯ 计算流体流动阻力。如阻力超过允许范围，需调整设计，直至满足为止。

从上述步骤来看，换热器的传热设计是一个反复试算的过程，有时要反复试算 2~3 次。所以，换热器设计计算实际上带有试差的性质。

2. 传热计算主要公式

传热速率方程式

$$Q = KA\Delta t_m \tag{3-14}$$

式中　Q——传热速率（热负荷），W；
　　　K——总传热系数，W/(m²·℃)；
　　　A——与 K 值对应的传热面积，m²；
　　　Δt_m——平均温度差，K 或 ℃。

（1）传热速率（热负荷）Q

① 传热的冷热流体均没有相变化，且忽略热损失，则

$$Q = W_h c_{ph}(T_1 - T_2) = W_c c_{pc}(t_2 - t_1) \tag{3-15}$$

式中　W_c——冷流体的质量流量，kg/h 或 kg/s；
　　　W_h——热流体的质量流量，kg/h 或 kg/s；
　　　c_{pc}——冷流体的平均定压比热容，kJ/(kg·℃)；
　　　c_{ph}——热流体的平均定压比热容，kJ/(kg·℃)；
　　　T——热流体温度，℃；
　　　t——冷流体温度，℃。

下标 h 和 c 分别表示热流体和冷流体，下标 1 和 2 分别表示换热器的进口和出口。

② 流体有相变化，如饱和蒸气冷凝，且冷凝液在饱和温度下排出，则

$$Q = W_h r = W_c c_{pc}(t_2 - t_1) \tag{3-16}$$

式中　W——饱和蒸气的冷凝速率，kg/h 或 kg/s；
　　　r——饱和蒸气的汽化热，kJ/kg。

（2）平均温度差 Δt_m

① 恒温传热时的平均温度差

$$\Delta t_m = T - t \tag{3-17}$$

② 变温传热时的平均温度差

逆流和并流

若 $\dfrac{\Delta t_1}{\Delta t_2} > 2$，则 $\Delta t_m = \dfrac{\Delta t_2 - \Delta t_1}{\ln \dfrac{\Delta t_2}{\Delta t_1}}$ （3-18）

若 $\dfrac{\Delta t_1}{\Delta t_2} \leqslant 2$，则 $\Delta t_m = \dfrac{\Delta t_2 + \Delta t_1}{2}$ （3-19）

式中　Δt_1、Δt_2——分别为换热器两端热、冷流体的温度差，℃。

错流和折流

$$\Delta t_m = \varphi_{\Delta t} \Delta t'_m \tag{3-20}$$

式中　$\Delta t'_m$——按逆流计算的平均温度差，℃；

$\varphi_{\Delta t}$——温差校正系数，无量纲。

$$\varphi_{\Delta t}=f(P,R)$$

$$P=\frac{t_2-t_1}{T_1-t_1}=\frac{冷流体的温升}{两流体的最初温差} \tag{3-21}$$

$$R=\frac{T_1-T_2}{t_2-t_1}=\frac{热流体的温降}{冷流体的温升} \tag{3-22}$$

温差校正系数 $\varphi_{\Delta t}$ 根据比值 P 和 R，通过图 3-24～图 3-27 查出。该值实际上表示特定流动形式在给定工况下接近逆流的程度。在设计中，除非出于必须降低壁温的目的，否则总要求 $\varphi_{\Delta t} \geqslant 0.8$，如果达不到上述要求，则应改选其他流动形式。

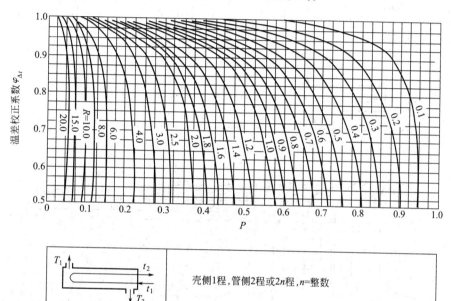

图 3-24　对数平均温差校正系数 $\varphi_{\Delta t}$

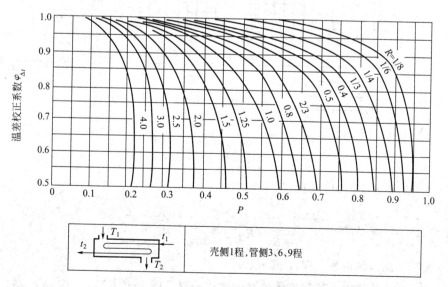

图 3-25　对数平均温差校正系数 $\varphi_{\Delta t}$

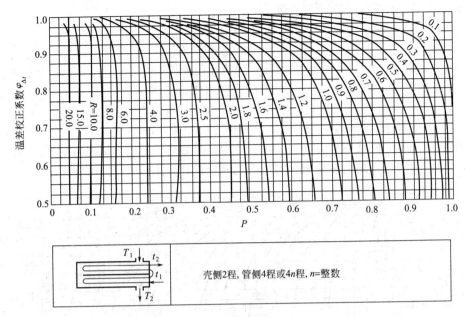

图 3-26　对数平均温差校正系数 $\varphi_{\Delta t}$

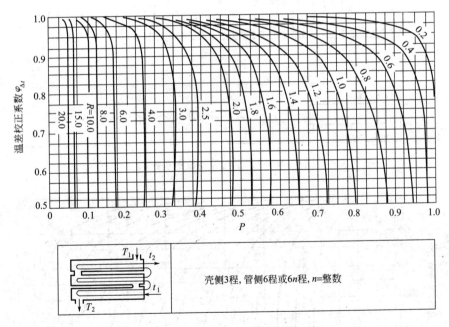

图 3-27　对数平均温差校正系数 $\varphi_{\Delta t}$

(3) 总传热系数 K（以外表面积为基准）

$$K=\cfrac{1}{\cfrac{d_o}{\alpha_i d_i}+R_{si}\cfrac{d_o}{d_i}+\cfrac{bd_o}{\lambda d_m}+R_{so}+\cfrac{1}{\alpha_o}} \qquad (3-23)$$

式中　　K——总传热系数，$W/(m^2 \cdot ℃)$；

α_i、α_o——传热管内、外侧流体的对流传热系数，$W/(m^2 \cdot ℃)$；

R_{si}、R_{so}——传热管内、外侧表面上的污垢热阻，$m^2 \cdot ℃/W$；

d_i、d_o、d_m——传热管内径、外径及平均直径，m；

λ ——传热管壁热导率，W/(m·℃)；

b ——传热管壁厚，m。

(4) 对流传热系数　流体在不同流动状态下的对流传热系数的关联式不同，具体形式见表3-20及表3-21。

表3-20　流体无相变对流传热系数

流动状态		关联式	适用条件
管内强制对流	圆直管内湍流	$Nu=0.023Re^{0.8}Pr^n$ $\alpha=0.023\dfrac{\lambda}{d_i}\left(\dfrac{d_i u\rho}{\mu}\right)^{0.8}\left(\dfrac{c_p\mu}{\lambda}\right)^n$	低黏度流体；特征尺寸：管内径 d_i； 流体加热 $n=0.4$，冷却 $n=0.3$； $Re>10000$，$0.7<Pr<120$，$L/d_i>60$； $L/d_i<60$，α 要乘以 $[1+(d_i/L)^{0.7}]$ 校正； 定性温度：流体进出口温度的算数平均值
	圆直管内湍流	$Nu=0.027Re^{0.8}Pr^{1/3}\left(\dfrac{\mu}{\mu_m}\right)^{0.14}$ $\alpha=0.027\dfrac{\lambda}{d_i}\left(\dfrac{d_i u\rho}{\mu}\right)^{0.8}\left(\dfrac{c_p\mu}{\lambda}\right)^{1/3}\left(\dfrac{\mu}{\mu_m}\right)^{0.14}$	高黏度流体； $Re>10000$，$0.7<Pr<16700$，$L/d_i>60$； 特征尺寸：管内径 d_i 定性温度：流体进出口温度的算数平均值（μ_m取壁温）
	圆直管内层流	$Nu=1.86Re^{1/3}Pr^{1/3}\left(\dfrac{d_i}{L}\right)^{1/3}\left(\dfrac{\mu}{\mu_m}\right)^{0.14}$ $\alpha=1.86\dfrac{\lambda}{d_i}\left(\dfrac{d_i u\rho}{\mu}\right)^{1/3}\left(\dfrac{c_p\mu}{\lambda}\right)^{1/3}\left(\dfrac{d_i}{L}\right)^{1/3}\left(\dfrac{\mu}{\mu_m}\right)^{0.14}$	管径较小，流体与壁面温差较小，μ/ρ值较大； $Re<2300$，$0.6<Pr<6700$，$(RePrL/d_i)>100$； 特征尺寸：管内径 d_i 定性温度：流体进出口温度的算数平均值（μ_m取壁温）
	圆直管内过渡流	$Nu=0.023Re^{0.8}Pr^n$ $\alpha'=0.023\dfrac{\lambda}{d_i}\left(\dfrac{d_i u\rho}{\mu}\right)^{0.8}\left(\dfrac{c_p\mu}{\lambda}\right)^n$ $\alpha=\alpha'\varphi=\alpha'\left(1-\dfrac{6\times 10^5}{Re^{1.8}}\right)$	$2300<Re<10000$； α' 为湍流时的对流传热系数； φ 为校正系数； α 为过渡流对流传热系数
管外强制对流	管束外垂直	$Nu=0.33Re^{0.6}Pr^{0.33}$ $\alpha'=0.33\dfrac{\lambda}{d_o}\left(\dfrac{d_o u\rho}{\mu}\right)^{0.6}\left(\dfrac{c_p\mu}{\lambda}\right)^{0.33}$	错列管束，管束排数=10，$Re>3000$； 特征尺寸：管外径 d_o； 流速取通道最狭窄处
		$Nu=0.26Re^{0.6}Pr^{0.33}$ $\alpha'=0.26\dfrac{\lambda}{d_o}\left(\dfrac{d_o u\rho}{\mu}\right)^{0.6}\left(\dfrac{c_p\mu}{\lambda}\right)^{0.33}$	直列管束，管束排数=10，$Re>3000$； 特征尺寸：管外径 d_o； 流速取通道最狭窄处
	管间流动	$Nu=0.36Re^{0.55}Pr^{1/3}\left(\dfrac{\mu}{\mu_m}\right)^{0.14}$ $\alpha=0.36\dfrac{\lambda}{d_e}\left(\dfrac{d_e u\rho}{\mu}\right)^{0.55}\left(\dfrac{c_p\mu}{\lambda}\right)^{1/3}\left(\dfrac{\mu}{\mu_m}\right)^{0.14}$	壳方流体圆缺挡板（25%），$Re=2\times 10^3\sim 1\times 10^6$； 特征尺寸：当量直径 d_e； 定性温度：流体进出口温度的算数平均值（μ_m取壁温）

表3-21　流体相变对流传热系数

流动状态	关联式	适用条件
蒸汽冷凝	$\alpha=1.13\left(\dfrac{r\rho^2 g\lambda^3}{\mu L\Delta t}\right)^{1/4}$	垂直管外膜滞流； 特征尺寸：垂直管的高度； 定性温度：$\Delta t=(t_w+t_s)/2$
	$\alpha=0.725\left(\dfrac{r\rho^2 g\lambda^3}{n^{2/3}\mu d_o\Delta t}\right)^{1/4}$	水平管束外冷凝； n 为水平管束在垂直列上的管数，膜滞流； 特征尺寸：管外径 d_o

(5) 污垢热阻　在设计换热器时，必须采用正确的污垢热阻系数，否则热交换器的设计误差很大。因此污垢热阻系数是换热器设计中非常重要的参数。

污垢热阻因流体种类、操作温度和流速等不同而各异。常见流体的污垢热阻参见表 3-22 和表 3-23。

表 3-22 流体的污垢热阻

加热流体温度/℃	<115		115～205	
水的温度/℃	<25		>25	
水的流速/(m/s)	<1.0	>1.0	<1.0	>1.0
污垢热阻/(m²·℃/W)				
海水	0.8598×10⁻⁴		1.7197×10⁻⁴	
自来水、井水、锅炉软水	1.7197×10⁻⁴		3.4394×10⁻⁴	
蒸馏水	0.8598×10⁻⁴		0.8598×10⁻⁴	
硬水	5.1590×10⁻⁴		8.5980×10⁻⁴	
河水	5.1590×10⁻⁴	3.4394×10⁻⁴	6.8788×10⁻⁴	5.1590×10⁻⁴

表 3-23 流体的污垢热阻

流体名称	污垢热阻/(m²·℃/W)	流体名称	污垢热阻/(m²·℃/W)	流体名称	污垢热阻/(m²·℃/W)
有机化合物蒸气	0.8598×10⁻⁴	有机化合物	1.7197×10⁻⁴	石脑油	1.7197×10⁻⁴
溶剂蒸气	1.7197×10⁻⁴	盐水	1.7197×10⁻⁴	煤油	1.7197×10⁻⁴
天然气	1.7197×10⁻⁴	熔盐	0.8598×10⁻⁴	汽油	1.7197×10⁻⁴
焦炉气	1.7197×10⁻⁴	植物油	5.1590×10⁻⁴	重油	8.5980×10⁻⁴
水蒸气	0.8598×10⁻⁴	原油	(3.4394～12.098)×10⁻⁴	沥青油	1.7197×10⁻⁴
空气	3.4394×10⁻⁴	柴油	(3.4394～5.1590)×10⁻⁴		

(6) 壁温的计算　在某些情况下，需要知道壁温才能计算 α 值，这时需先假设壁温，求得传热膜系数后，再核算壁温。另外，检验所选换热器的形式是否合适，是否需要加设温度补偿装置等也需计算壁温。

壁温可用如下公式计算。

① 热流体侧的壁温 t_{w1}

$$t_{w1} = T_m - \frac{Q}{A_1}\left(\frac{1}{\alpha_1} + R_1\right) \tag{3-24}$$

② 冷流体侧的壁温 t_{w2}

$$t_{w2} = t_m + \frac{Q}{A_2}\left(\frac{1}{\alpha_2} + R_2\right) \tag{3-25}$$

③ 传热面的平均壁温 t_w

一般情况下可取

$$t_w = \frac{1}{2}(t_{w1} + t_{w2}) \tag{3-26}$$

对薄金属壁可取

$$t_w = t_{w1} = t_{w2} \tag{3-27}$$

粗略估算时可用下式

$$t_w = \frac{\alpha_1 T_m + \alpha_2 t_m}{\alpha_1 + \alpha_2} \tag{3-28}$$

液体平均温度（过渡流及湍流阶段）为

$$T_m = 0.4T_1 + 0.6T_2 \tag{3-29}$$

$$t_m = 0.4t_2 + 0.6t_1 \tag{3-30}$$

液体（层流阶段）及气体的平均温度为

$$T_m = \frac{1}{2}(T_1 + T_2) \tag{3-31}$$

$$t_m = \frac{1}{2}(t_1 + t_2) \tag{3-32}$$

式中 T_m、t_m——热流体、冷流体的平均温度，℃；

A_1、A_2——热流体侧、冷流体侧的传热面积，m^2；

α_1、α_2——热流体、冷流体的给热系数，$W/(m^2 \cdot ℃)$；

R_1、R_2——热流体侧、冷流体侧的污垢热阻，$m^2 \cdot ℃/W$；

T_1、T_2——热流体的进、出口温度，℃；

t_1、t_2——冷流体的进、出口温度，℃。

④ 壳体壁温　壳体壁温的计算方法与换热管壁温的计算方法类似。当壳体外部有良好的保温，或壳程流体接近于环境温度，或传热条件使壳体壁温接近于介质温度时，则壳体壁温可取壳程流体的平均温度。

3. 流体流动阻力计算主要公式

流体流经列管式换热器时，由于流动阻力而产生一定的压力降，所以换热器的设计必须满足工艺要求的压力降。

(1) 管程压力降　多管程列管式换热器，管程压力降 $\sum \Delta p_i$：

$$\sum \Delta p_i = (\Delta p_1 + \Delta p_2) F_t N_s N_p \tag{3-33}$$

式中 Δp_1——直管中因摩擦阻力引起的压力降，Pa；

Δp_2——回弯管中因摩擦阻力引起的压力降，Pa，可由经验公式 $\Delta p_2 = 3\left(\dfrac{\rho u^2}{2}\right)$ 估算；

F_t——结垢校正系数，无量纲，$\phi 25mm \times 2.5mm$ 的换热管取 1.4，$\phi 19mm \times 2mm$ 的换热管取 1.5；

N_s——串联的壳程数；

N_p——管程数。

(2) 壳程压力降

① 壳程无折流挡板　壳程压力降按流体沿直管流动的压力降计算，以壳体的当量直径 d_e 代替直管内径 d_i。

② 壳程有折流挡板　计算方法有 Bell 法、Kern 法、Esso 法等。Bell 法计算结果与实际数据一致性较好，但计算比较麻烦，而且对换热器的结构尺寸要求较详细。工程计算中常采用 Esso 法，该法计算公式如下：

$$\sum \Delta p_i = (\Delta p_1' + \Delta p_2') F_t N_s \tag{3-34}$$

式中 $\Delta p_1'$——流体横过管束的压力降，Pa；

$\Delta p_2'$——流体流过折流板缺口的压力降，Pa；

F_t——结垢校正系数，无量纲，对液体 $F_t = 1.15$，对气体 $F_t = 1.0$。

$$\Delta p_1' = F f_o n_c (N_B + 1) \frac{\rho u_o^2}{2} \tag{3-35}$$

$$\Delta p_2' = N_B \left(3.5 - \frac{2B}{D}\right) \frac{\rho u_o^2}{2} \tag{3-36}$$

式中 F——管子排列方式对压力降的校正系数：三角形排列取 0.5，正方形直列取 0.3，正方形错列取 0.4；

f_o——壳程流体的摩擦系数，$f_o = 5.0 \times Re_o^{-0.228}$ ($Re > 500$)；

n_c——横过管束中心线的管数，可按式(3-9)及式(3-10)计算；

B——折流板间距，m；

D——壳体直径，m；

N_B——折流板数目；

u_o——按壳程流通截面积 S_o [$S_o = h(D - n_c d_o)$] 计算的流速，m/s。

六、列管式换热器的设计框图

见图 3-28。

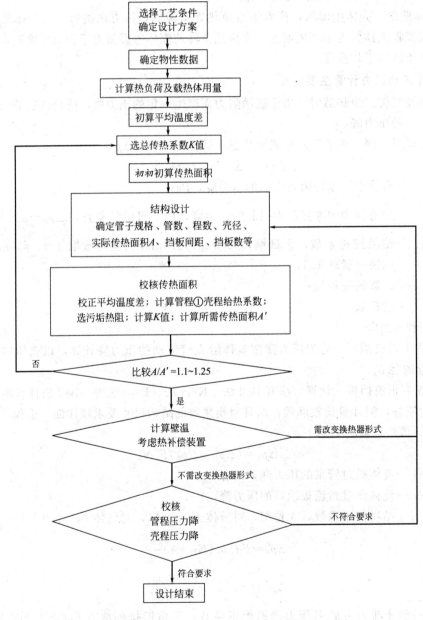

图 3-28　列管式换热器的设计框图

七、列管式换热器的优化设计简介

对于完成某一任务的换热器,往往有多个选择,如何确定最佳的换热器,是换热器的优化设计问题,即采用优化方法使设计的换热器满足最优的目标函数和约束条件。与其他的一般设备的设计相同,在换热器设计中,最优目标函数是指包括设备费用和操作费用在内的总费用为最小。由于影响换热过程的因素复杂,属于有多个约束条件的多变量优化问题,求解比较困难,加上换热器的种类繁多,结构各异,研究者大多针对某一类型的换热器进行分析研究。因此可以说,换热器的优化设计目前仍处于发展阶段,对于列管式换热器的优化设计方法可参阅文献。

第三节 列管式换热器设计实例

一、系列标准换热器选用的设计实例

【设计实例】

如图 3-29,某精馏塔浓缩甲醛水溶液,操作压力为 0.4MPa(绝),第一股进料 $F_1=10500$kg/h,甲醛浓度 x_{f1} 为 28%,第二股进料 $F_2=9500$kg/h,甲醛浓度 x_{f2} 为 8.0%,塔顶馏出液浓度 x_D 为 37%,釜液浓度为 0.2%(以上浓度均为质量分数),釜液采出量 W_1 为 10050kg/h,温度 T_1 为 140℃,为了回收釜液热量,用釜液预热温度 t_1 为 30℃、浓度为 8% 的原料液。试选用一适当型号的换热器。

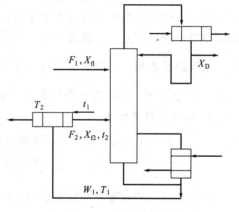

图 3-29 精馏塔例图

【设计计算】

1. 热负荷计算

按题意,冷热流体的流量和初温均已知,釜液的终温是可以选择的。釜液终温越低,则回收热量越多,但平均推动力越低,需要的传热面积越大,因此应选择一适宜的温度。

设釜液终温为 $T_2=90$℃,釜液含甲醛 0.2%,因此物性接近于水,可用水代之。

$$T_m = \frac{T_1+T_2}{2} = \frac{90+140}{2} = 115(℃)$$

在平均温度 T_m 下水的比热容 $c_p=4.24$kJ/(kg·℃)

$$Q = W_1 c_{p1}(T_1-T_2) = 10050 \times 4.24 \times (140-90) \times 10^3/3600 = 5.92 \times 10^5(W)$$

2. 平均推动力计算

假设原料液 F_2 终温 t_2 为 87℃

$$t_m = \frac{t_1+t_2}{2} = \frac{30+87}{2} = 58.5(℃)$$

在 t_m 温度下,甲醛 $c_{p1}=0.783$kJ/(kg·℃),水 $c_{p2}=4.18$kJ/(kg·℃)

$$c_{pm} = c_{p1}x_1 + c_{p2}x_2 = 0.783 \times 0.08 + 4.18 \times 0.92 = 3.91[kJ/(kg·℃)]$$

$$t_2 = t_1 + \frac{W_1 c_{p1}(T_1-T_2)}{F_2 c_{pm}} = 30 + \frac{10050 \times 4.18 \times (140-90)}{9500 \times 3.91} = 86.5(℃)$$

与假设基本符合，所以 $t_2 = 86.5℃$。
逆流平均推动力

$$\Delta t_{m逆} = \frac{(140-86.5)+(90-30)}{2} = 56.8(℃)$$

$$R = \frac{T_1-T_2}{t_2-t_1} = \frac{140-90}{86.5-30} = 0.88$$

$$P = \frac{t_2-t_1}{T_1-t_1} = \frac{86.5-30}{140-30} = 0.51$$

温差修正系数 $\varphi = 0.825$

$$\Delta t_m = \varphi \Delta t_{m逆} = 0.825 \times 56.8 = 46.8℃$$

3. 初选换热器

初估传热系数 $K = 700\text{W}/(\text{m}^2 \cdot ℃)$

$$A = \frac{Q}{K\Delta t_m} = \frac{5.92 \times 10^5}{700 \times 46.8} = 18.1(\text{m}^2)$$

本设计壳程与管程的最大温差为60℃，高于50℃，但由于所需传热面积较小，温差不算太高，因此仍选用固定管板式换热器，可在壳体上安装膨胀节减少热应力。又由于物料中含有少量甲酸，具有一定的腐蚀性，故管子选用不锈钢管。

由换热器系列，初选 BEM 400-1.6-20-$\frac{1}{25}$-4 Ⅰ 型换热器。管长 $L=3\text{m}$，管径 $\phi 25\text{mm} \times 2\text{mm}$，管子数 $N=86$，折流板间距150mm，管程数 $N_p=4$。

4. 校核传热系数 K

（1）原料液 F_2 流量较小，走管程，核算管程给热系数 α_i

$$t_m = \frac{t_1+t_2}{2} = \frac{30+86.5}{2} = 58(℃)$$

在进出口平均温度下原料液 F_2 的平均物性：

$$c_{pm} = 3.91\text{kJ}/(\text{kg} \cdot ℃), \mu_m = 0.428 \times 10^{-3}\text{Pa} \cdot \text{s}, \lambda_m = 0.623\text{W}/(\text{m} \cdot ℃)$$

管程流动面积 $A = \frac{\pi}{4}d_i^2 \frac{N}{N_p} = 0.785 \times 0.021^2 \times \frac{86}{4} = 0.00744(\text{m}^2)$

$$Re = \frac{dG}{\mu} = \frac{0.021 \times 9500 \times 10^3}{0.00744 \times 0.428 \times 3600} = 1.74 \times 10^4$$

$$Pr = \frac{c_p\mu}{\lambda} = \frac{3.91 \times 0.428}{0.623} = 2.68$$

$$\alpha_i = 0.023 \frac{\lambda}{d_i} Re^{0.8} Pr^{0.4} = 0.023 \times \frac{0.623}{0.021}(1.74 \times 10^4)^{0.8} \times 2.68^{0.4} = 2499[\text{W}/(\text{m}^2 \cdot ℃)]$$

（2）壳程 α_o 核算

平均温度115℃时的物性：

$$\rho = 947\text{kg}/\text{m}^3, Pr = 1.54, \mu = 0.243 \times 10^{-3}\text{Pa} \cdot \text{s}, \lambda = 0.685\text{W}/(\text{m} \cdot ℃)$$

管子正三角形排列，管间距32mm，25%圆缺型挡板

$$d_e = \frac{4\left(\frac{\sqrt{3}}{2}t^2 - \frac{\pi}{4}d_o^2\right)}{\pi d_o} = \frac{4\left(\frac{\sqrt{3}}{2} \times 0.032^2 - \frac{\pi}{4} \times 0.025^2\right)}{3.14 \times 0.025} = 0.02(\text{m})$$

流通面积 $A = BD\left(1-\frac{d_o}{t}\right) = 0.15 \times 0.4 \times \left(1-\frac{25}{32}\right) = 0.0131(\text{m}^2)$

$$u = \frac{W_1}{\rho A} = \frac{10050}{3600 \times 947 \times 0.0131} = 0.225 (\text{m/s})$$

$$Re = \frac{du\rho}{\mu} = \frac{0.02 \times 0.225 \times 947}{0.243 \times 10^{-3}} = 17537,\text{所以为湍流}$$

$$\alpha = 0.36 \frac{\lambda}{d_e} Re^{0.55} Pr^{1/3} \left(\frac{\mu}{\mu_w}\right)^{0.14} = 0.36 \times \frac{0.685}{0.02} \times 17537^{0.55} \times 1.54^{1/3} \times 0.95$$

$$= 2920 [\text{W/(m}^2 \cdot \text{℃})]$$

以外表面积计算传热系数,选取垢层系数均为 $2 \times 10^{-4} \text{m}^2 \cdot \text{℃/W}$

$$K = \frac{1}{\frac{1}{\alpha_i} + \frac{d_o}{\alpha_o d_i} + R_{si} + R_{so}} = \frac{1}{\frac{1}{2499} + \frac{25}{2920 \times 21} + 0.0002 + 0.0002} = 828 [\text{W/(m}^2 \cdot \text{℃})]$$

$$A_{\text{计}} = \frac{Q}{K \Delta t_m} = \frac{5.92 \times 10^5}{828 \times 46.8} = 15.3 (\text{m}^2)$$

$$\frac{A_{\text{公}}}{A_{\text{计}}} = \frac{20}{15.3} = 1.3$$

传热面积裕量合适,该换热器能够完成生产任务。

5. 冷热流体终温核算

$$\text{传热单元数 } NTU_1 = \frac{KA}{W_1 c_{p1}} = \frac{828 \times 20 \times 3600}{10050 \times 4.18 \times 10^3} = 1.4$$

$$R_1 = \frac{W_1 c_{p1}}{F_2 c_{p2}} = \frac{10050 \times 4.18}{9500 \times 3.91} = 1.13$$

冷热流体为折流,查得热效率 $\varepsilon_1 = 0.48$

$$\varepsilon = \frac{T_1 - T_2}{T_1 - t_2} = \frac{140 - T_2}{140 - 30} = 0.48$$

解得 $T_2 = 87.2\text{℃}$

$$R_1 = \frac{t_2 - t_1}{T_1 - T_2} = \frac{t_2 - 30}{140 - 87.2} = 1.13$$

解得 $t_2 = 89.7\text{℃}$

两流体终温与以上计算基本相符。

若釜液终温选为80℃,可将原料液预热至95℃,完成换热量仅增大3%。选用多管程换热器,温差修正系数为0.58,温差损失过大,因此釜液终温不宜过低。釜液终温的选择,应兼顾传热系数和平均推动力两者,使换热器能处于较佳的工作状态。

通过以上计算说明,所选 ＢＥＭ 400-1.6-20-$\frac{1}{25}$-4 Ⅰ型换热器是适宜的。

二、非系列标准换热器的设计实例

【设计实例】

某生产过程中,需将6000kg/h的油从140℃冷却到40℃,压力为0.3MPa;冷却介质采用循环水,循环冷却水的压力为0.4MPa,循环水入口温度30℃,出口温度40℃。试设计一台列管式换热器,完成该生产任务。

【设计计算】

此设计示例即本章第一节所提及的设计项目任务,我们在全面学习了本章内容后,具体分析、解决该项目。

1. 确定设计方案

(1) 选择换热器类型　流体温度变化情况：热流体进口温度140℃，出口温度40℃；冷流体（循环水）进口温度30℃，出口温度40℃。该换热器用循环冷却水冷却，冬季操作时进口温度会降低，考虑到这一因素，估计该换热器的管壁温和壳体壁温之差较大，因此初步确定选用带膨胀节的固定管板式换热器。

(2) 流动空间及流速的确定　由于循环冷却水较易结垢，为便于水垢清洗，应使循环水走管程，油品走壳程。选用 $\phi 25\text{mm} \times 2.5\text{mm}$ 的碳素钢管，管内流速取 0.5m/s。

2. 确定物性数据

定性温度：可取流体进口温度的平均值。

壳程油的定性温度为
$$T = \frac{140+40}{2} = 90(℃)$$

管程流体的定性温度为
$$t = \frac{30+40}{2} = 35(℃)$$

根据定性温度，分别查取壳程和管程流体的有关物性数据。

油在90℃下的有关物性数据如下：

密度　　　　　　　　　　　　$\rho_o = 825\text{kg/m}^3$

黏度　　　　　　　　　　　　$\mu_o = 7.15 \times 10^{-4}\text{Pa·s}$

定压比热容　　　　　　　　　$c_{po} = 2.22\text{kJ/(kg·℃)}$

热导率 $\lambda_o = 0.14\text{W/(m·℃)}$

循环冷却水在35℃下的有关物性数据如下：

密度　　　　　　　　　　　　$\rho_i = 994\text{kg/m}^3$

黏度　　　　　　　　　　　　$\mu_i = 7.25 \times 10^{-4}\text{Pa·s}$

定压比热容　　　　　　　　　$c_{pi} = 4.08\text{kJ/(kg·℃)}$

热导率　　　　　　　　　　　$\lambda_i = 0.626\text{W/(m·℃)}$

3. 计算总传热系数

(1) 热流量
$$Q_o = W_o c_{po} \Delta T_o = 6000 \times 2.22 \times (140-40) = 1.332 \times 10^6 (\text{kJ/h}) = 370\text{kW}$$

(2) 平均温度差
$$\Delta t'_m = \frac{\Delta t_1 - \Delta t_2}{\ln \frac{\Delta t_1}{\Delta t_2}} = \frac{(140-40)-(40-30)}{\ln \frac{140-40}{40-30}} = 39(℃)$$

(3) 冷却水用量
$$W_i = \frac{Q_o}{c_{pi} \Delta t_i} = \frac{1332000}{4.08 \times (40-30)} = 32647(\text{kg/h})$$

(4) 总传热系数

管程传热系数
$$Re = \frac{d_i u_i \rho_i}{\mu_i} = \frac{0.02 \times 0.5 \times 994}{0.000725} = 13710$$

$$\alpha_i = 0.023 \frac{\lambda_i}{d_i}(Re)^{0.8} \left(\frac{c_{pi} \mu_i}{\lambda_i}\right)^{0.4} = 0.023 \times \frac{0.626}{0.02} \times 13710^{0.8} \times \left(\frac{4.08 \times 0.725}{0.626}\right)^{0.4}$$
$$= 2733[\text{W/(m}^2\text{·℃)}]$$

壳程传热系数
假设壳程传热系数 $\alpha_o=290\text{W}/(\text{m}^2\cdot\text{℃})$，
管壁热导率 $\lambda=45\text{W}/(\text{m}\cdot\text{℃})$，
污垢热阻　$R_{si}=3.44\times10^{-4}\text{m}^2\cdot\text{℃}/\text{W}$，$R_{so}=1.72\times10^{-4}\text{m}^2\cdot\text{℃}/\text{W}$

$$K=\cfrac{1}{\cfrac{d_o}{\alpha_i d_i}+R_{si}\cfrac{d_o}{d_i}+\cfrac{bd_o}{\lambda d_m}+R_{so}+\cfrac{1}{\alpha_o}}$$

$$=\cfrac{1}{\cfrac{0.025}{2733\times0.02}+3.44\times10^{-4}\times\cfrac{0.025}{0.02}+\cfrac{0.0025\times0.025}{45\times0.0225}+1.72\times10^{-4}+\cfrac{1}{290}}$$

$$=218.8\text{W}/(\text{m}^2\cdot\text{℃})$$

4. 计算传热面积

$$A'=\frac{Q}{K\Delta t'_m}=\frac{370000}{218.8\times39}=43.4(\text{m}^2)$$

考虑 15% 的面积裕量，$A=1.15\times A'=1.15\times43.4=49.9(\text{m}^2)$

5. 工艺结构尺寸

（1）管径和管内流速　选用 $\phi25\text{mm}\times2.5\text{mm}$ 的碳素钢管，管内流速取 0.5m/s。

（2）管程数和传热管　依据传热管内径和流速确定单程传热管数

$$n_s=\frac{V}{\frac{\pi}{4}d_i^2 u}=\frac{32647/(994\times3600)}{0.785\times0.02^2\times0.5}=58.11\approx59(\text{根})$$

按单管程计算，所需传热管长度为

$$L=\frac{A}{\pi d_o n_s}=\frac{49.9}{3.14\times0.025\times59}=10.8(\text{m})$$

按单管程设计，传热管过长，宜采用多管程结构。现取传热管长 6m，则该换热器管程数为

$$N_p=\frac{L}{l}=\frac{10.8}{6}\approx2$$

传热管总根数

$$N=59\times2=118(\text{根})$$

（3）平均传热温差校正及壳程数
平均传热温差校正系数

$$R=\frac{140-40}{40-30}=10$$

$$P=\frac{40-30}{140-30}=0.091$$

按单壳程、双管程结构，温差校正系数应查有关图表。但 $R=10$ 的点在图上难以读出，因而以 $1/R$ 代替 R，PR 代替 P，查同一图线，可得 $\varphi_{\Delta t}=0.82$。

平均传热温差

$$\Delta t_m=\varphi_{\Delta t}\Delta t'_m=0.82\times39=32(\text{℃})$$

（4）传热管排列和分程方法　采用组合排列法，即每程内按正三角形排列，隔板两侧采用正方形排列。取管心距 $t=1.25d_o$，则

$$t = 1.25 \times 25 = 31.25 \approx 32 \text{(mm)}$$

横过管束中心线的管数

$$n_c = 1.19\sqrt{N} = 1.19\sqrt{118} = 13\text{(根)}$$

(5) **壳体内径** 采用多管程结构，取管板利用率 $\eta = 0.7$，则壳体内径为

$$D = 1.05t\sqrt{N/\eta} = 1.05 \times 32\sqrt{118/0.7} = 436.2\text{(mm)}$$

圆整可取 $D = 450$ mm。

(6) **折流板** 采用圆缺型折流板，取圆缺型折流板圆缺高度为壳体内径的 25%，则切去的圆缺高度为 $h = 0.25 \times 450 = 112.5\text{(mm)}$，故可取 $h = 110\text{(mm)}$。

取折流板间距 $B = 0.3D$，则 $B = 0.3 \times 450 = 135\text{(mm)}$，可取 B 为 150mm。

$$\text{折流板数 } N_B = \frac{\text{传热管长}}{\text{折流板间距}} - 1 = \frac{6000}{150} - 1 = 39\text{(块)}$$

折流板圆缺面水平装配。

(7) **接管** 壳程流体进出口接管：取接管内油品流速为 1.0m/s，则接管内径为

$$d = \sqrt{\frac{4V}{\pi u}} = \sqrt{\frac{4 \times 6000/(3600 \times 825)}{3.14 \times 1.0}} = 0.051\text{(m)}$$

取标准管径为 50mm。

管程流体进出口接管：取接管内循环水流速 1.5m/s，则接管内径为

$$d = \sqrt{\frac{4 \times 32647/(3600 \times 994)}{3.14 \times 1.5}} = 0.088\text{(m)}$$

取标准管径为 80mm。

6. 换热管核算

(1) 热量核算

① 壳程对流传热系数 对圆缺型折流板，可采用克恩公式

$$\alpha_o = 0.36 \frac{\lambda_o}{d_e} Re_o^{0.55} Pr^{1/3} \left(\frac{\mu_o}{\mu_w}\right)^{0.14}$$

当量直径，由正三角形排列得

$$d_e = \frac{4\left(\frac{\sqrt{3}}{2}t^2 - \frac{\pi}{4}d_o^2\right)}{\pi d_o} = \frac{4\left(\frac{\sqrt{3}}{2} \times 0.032^2 - \frac{\pi}{4} \times 0.025^2\right)}{3.14 \times 0.025} = 0.020\text{(m)}$$

壳程流通截面积

$$A_o = BD\left(1 - \frac{d_o}{t}\right) = 0.15 \times 0.45 \times \left(1 - \frac{0.025}{0.032}\right) = 0.015\text{(m}^2\text{)}$$

壳程流体流速及其雷诺数分别为

$$u_o = \frac{6000/(3600 \times 825)}{0.015} = 0.137\text{(m/s)}$$

$$Re = \frac{0.02 \times 0.137 \times 825}{0.000715} = 3161$$

普兰特数

$$Pr = \frac{2.22 \times 0.715}{0.140} = 11.34$$

黏度校正

$$\left(\frac{\mu_o}{\mu_w}\right)^{0.14} \approx 1$$

$$\alpha_o = 0.36 \times \frac{0.140}{0.02} \times 3161^{0.55} \times 11.34^{1/3} \times 1 = 476 [\text{W}/(\text{m}^2 \cdot \text{℃})]$$

② 管程对流传热系数

$$\alpha_i = 0.023 \frac{\lambda_i}{d_i} Re^{0.8} Pr^{0.4}$$

管程流通截面积

$$A_i = 0.785 \times 0.02^2 \times \frac{118}{2} = 0.0185 (\text{m}^2)$$

管程流体流速

$$u_i = \frac{32647/(3600 \times 994)}{0.0185} = 0.492 (\text{m/s})$$

$$Re = \frac{0.02 \times 0.492 \times 994}{0.000725} = 13504$$

普兰特数

$$Pr = \frac{4.08 \times 0.725}{0.626} = 4.73$$

$$\alpha_i = 0.023 \times \frac{0.626}{0.02} \times 13504^{0.8} \times 4.73^{0.4} \times 1 = 2701 [\text{W}/(\text{m}^2 \cdot \text{℃})]$$

③ 传热系数

$$K = \frac{1}{\frac{d_o}{\alpha_i d_i} + R_{si}\frac{d_o}{d_i} + \frac{b d_o}{\lambda d_m} + R_{so} + \frac{1}{\alpha_o}}$$

$$= \frac{1}{\frac{0.025}{2701 \times 0.02} + 3.44 \times 10^{-4} \times \frac{0.025}{0.02} + \frac{0.0025 \times 0.025}{45 \times 0.0225} + 1.72 \times 10^{-4} + \frac{1}{476}}$$

$$= 310 [\text{W}/(\text{m}^2 \cdot \text{℃})]$$

④ 传热面积

$$A = \frac{Q}{K \Delta t_m} = \frac{370000}{310 \times 32} = 37.3 (\text{m}^2)$$

该换热器的实际传热面积

$$A_p = \pi d_o L (N - n_c) = 3.14 \times 0.025 \times 6 \times (118 - 13) = 49.5 (\text{m}^2)$$

该换热器的面积裕量为

$$H = \frac{A_p - A}{A} \times 100\% = \frac{49.5 - 37.3}{37.3} \times 100\% = 32.7\%$$

传热面积裕量合适，该换热器能够完成生产任务。

(2) 换热器内流体的流动阻力

① 管程流动阻力

$\sum \Delta p_i = (\Delta p_1 + \Delta p_2) F_t N_s N_p$，$N_s = 1$，$N_p = 2$，$F_t = 1.4$，$\Delta p_1 = \lambda_i \frac{l}{d} \times \frac{\rho u_i^2}{2}$，$\Delta p_2 = \zeta \frac{\rho u_i^2}{2}$

由 $Re = 13504$，传热管的相对粗糙度 $\frac{0.01}{20} = 0.005$，查莫迪图得 $\lambda_i = 0.037 [\text{W}/(\text{m} \cdot \text{℃})]$，所以

$$\Delta p_1 = 0.037 \times \frac{6}{0.02} \times \frac{994 \times 0.492^2}{2} = 1335.4 (\text{Pa})$$

$$\Delta p_2 = 3 \times \frac{994 \times 0.492^2}{2} = 360.9 (\text{Pa})$$

$$\sum \Delta p_i = (1335.4 + 360.9) \times 1.4 \times 1 \times 2 = 4749.6 (\text{Pa}) < 10 \text{kPa}$$

管程流动阻力在允许范围内。

② 壳程阻力

$$\sum \Delta p_i = (\Delta p_1' + \Delta p_2') F_t N_s, \quad N_s = 1, \quad F_t = 1.15$$

流体流经管束的阻力

$$\Delta p_1' = F f_o n_c (N_B + 1) \frac{\rho u_o^2}{2} = 0.5 \times 5.0 \times 3161^{-0.228} \times 13 \times (39+1) \times \frac{825 \times 0.137^2}{2}$$
$$= 1602.7 (\text{Pa})$$

流体流过折流板缺口的阻力

$$\Delta p_2' = N_B \left(3.5 - \frac{2B}{D}\right) \frac{\rho u_o^2}{2} = 39 \times \left(3.5 - \frac{2 \times 0.15}{0.45}\right) \times \frac{825 \times 0.137^2}{2} = 855.5 (\text{Pa})$$

$$\sum \Delta p_i = (\Delta p_1' + \Delta p_2') F_t N_s = (1602.7 + 855.5) \times 1.15 \times 1 = 2826.9 (\text{Pa}) < 10 \text{kPa}$$

壳程流动阻力在允许范围内。

7. 换热器主要结构尺寸和计算结果

见表3-24。

表3-24 换热器主要结构尺寸和计算结果

换热器形式:固定管板式换热器			管口表			
换热面积:			符号	尺寸	用途	连接形式
工艺参数			a	$D_N 80$	循环水入口	平面
名称	管程	壳程	b	$D_N 80$	循环水出口	平面
物料名称	循环水	油	c	$D_N 50$	油品入口	凹凸面
操作压力/MPa	0.4	0.3	d	$D_N 20$	排气口	凹凸面
操作温度/℃	30/40	140/40	e	$D_N 50$	油品出口	凹凸面
流量/(kg/h)	32647	6000	f	$D_N 20$	放净口	凹凸面
流体密度/(kg/m³)	994	825				
流速/(m/s)	0.492	0.137	附图:			
传热量/kW	370					
总传热系数/[W/(m²·℃)]	310					
对流传热系数/[W/(m²·℃)]	2701	476				
污垢系数/(m²·℃/W)	0.000344	0.000172				
压力降/Pa	4749.6	2826.9				
程数	2	1				
推荐使用材料	碳素钢	碳素钢				
管子规格:$\phi 25\text{mm} \times 2.5\text{mm}$	管数:118	管长:6m				
管间距:32mm	排列方式:正三角形					
折流板形式:圆缺型	间距:150mm	切口高度25%				
壳体内径:450mm	保温层厚度,0					

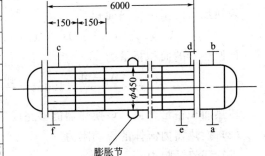

第四章 填料吸收塔工艺设计

第一节 吸收方案的确定

一、填料吸收塔设计方案的确定

1. 装置流程的确定

吸收装置的流程主要有以下几种,图 4-1~图 4-4 列出了部分流程。

(1) 逆流操作 气相自塔底进入由塔顶排出,液相自塔顶进入由塔底排出,此即逆流操作。逆流操作的特点是,传质平均推动力大,传质速率快,分离效率高,吸收剂利用率高。工业生产中多采用逆流操作。

(2) 并流操作 气液两相均从塔顶流向塔底,此即并流操作。并流操作的特点是,系统

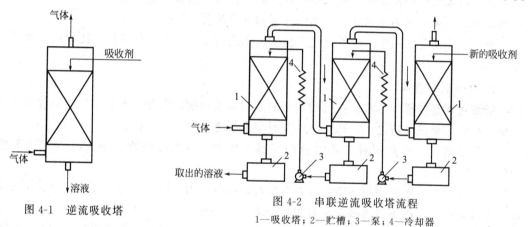

图 4-1 逆流吸收塔

图 4-2 串联逆流吸收塔流程
1—吸收塔;2—贮槽;3—泵;4—冷却器

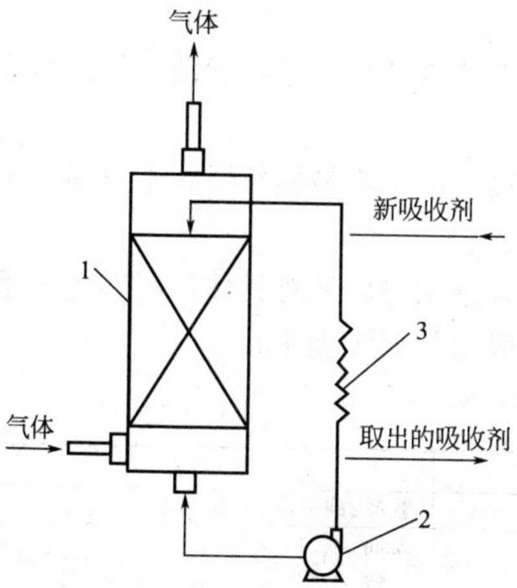

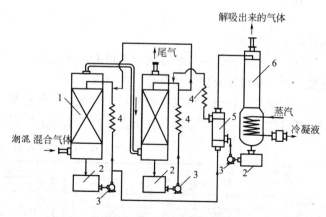

图 4-3 吸收剂部分循环吸收塔
1—吸收塔;2—泵;3—冷却器

图 4-4 吸收剂部分循环的吸收解吸联合流程
1—吸收塔;2—贮槽;3—泵;4—冷却器;5—换热器;6—解吸塔

不受液流限制,可提高操作气速,以提高生产能力。并流操作通常用于以下情况:当吸收过程的平衡曲线较平坦时,流向对推动力影响不大;易溶气体的吸收或处理的气体不需吸收很完全;吸收剂用量特别大,逆流操作易引起液泛。

(3) 吸收剂部分再循环操作　　在逆流操作系统中,用泵将吸收塔排出液体的一部分冷却后与补充的新鲜吸收剂一同送回塔内,即为部分再循环操作。通常用于以下情况:当吸收剂用量较小,为提高塔的液体喷淋密度;对于非等温吸收过程,为控制塔内的温升,需取出一部分热量。该流程特别适宜于相平衡常数 m 值很小的情况,通过吸收液的部分再循环,提高吸收剂的使用效率。应予指出,吸收剂部分再循环操作较逆流操作的平均推动力要低,且需设置循环泵,操作费用增加。

(4) 多塔串联操作　　若设计的填料层高度过大,或由于所处理物料等原因需经常清理填料,为便于维修,可把填料层分装在几个串联的塔内,每个吸收塔通过的吸收剂和气体量都相等,即为多塔串联操作。此种操作因塔内需留较大空间,输液、喷淋、支承板等辅助装置增加,使设备投资加大。

(5) 串联-并联混合操作　　若吸收过程处理的液量很大,如果用通常的流程,则液体在塔内的喷淋密度过大,操作气速势必很小(否则易引起塔的液泛),塔的生产能力很低。实际生产中可采用气相作串联、液相作并联的混合流程;若吸收过程处理的液量不大而气相流量很大时,可采用液相作串联、气相作并联的混合流程。

总之,在实际应用中,应根据生产任务、工艺特点,结合各种流程的优缺点选择适宜的流程布置。

2. 吸收剂的选择

吸收过程是依靠气体溶质在吸收剂中的溶解来实现的,因此,吸收剂性能的优劣,是决定吸收操作效果的关键之一,选择吸收剂时应着重考虑以下几方面。

(1) 溶解度　　吸收剂对溶质组分的溶解度要大,以提高吸收速率并减少吸收剂的需用量。

(2) 选择性　　吸收剂对溶质组分要有良好的吸收能力,而对混合气体中的其他组分不吸收或吸收甚微,否则不能直接实现有效的分离。

(3) 挥发度要低　　操作温度下吸收剂的蒸气压要低,以减少吸收和再生过程中吸收剂的挥发损失。

(4) 黏度　　吸收剂在操作温度下的黏度越低,其在塔内的流动性越好,有助于传质速率和传热速率的提高。

(5) 其他　　所选用的吸收剂应尽可能满足无毒性、无腐蚀性、不易燃易爆、不发泡、冰点低、价廉易得以及化学性质稳定等要求。

一般说来,任何一种吸收剂都难以满足以上所有要求,选用时应针对具体情况和主要矛盾,既考虑工艺要求又兼顾到经济合理性。工业上常用的吸收剂列于表 4-1。

表 4-1　工业常用吸收剂

溶质	吸收剂	溶质	吸收剂
氨	水、硫酸	硫化氢	碱液、砷碱液、有机溶剂
丙酮蒸气	水	苯蒸气	煤油、洗油
氯化氢	水	丁二烯	乙醇、乙腈
二氧化碳	水、碱液、碳酸丙烯酯	二氯乙烯	煤油
二氧化硫	水	一氧化碳	铜氨液

3. 操作温度与压力的确定

（1）操作温度的确定　由吸收过程的汽液平衡关系可知，温度降低可增加溶质组分的溶解度，即低温有利于吸收，但操作温度的低限应由吸收系统的具体情况决定。例如水吸收 CO_2 的操作中用水量极大，吸收温度主要由水温决定，而水温又取决于大气温度，故应考虑夏季循环水温高时补充一定量地下水以维持适宜温度。

（2）操作压力的确定　由吸收过程的汽液平衡关系可知，压力升高可增加溶质组分的溶解度，即加压有利于吸收。但随着操作压力的升高，对设备的加工制造要求提高，且能耗增加，因此需结合具体工艺条件综合考虑，以确定操作压力。

二、填料的类型与选择

塔填料（简称为填料）是填料塔中气液接触的基本构件，其性能的优劣是决定填料塔操作性能的主要因素，因此，塔填料的选择是填料塔设计的重要环节。

1. 填料的类型

填料的种类很多，根据装填方式的不同，可分为散装填料和规整填料两大类。

（1）散装填料　散装填料是一个个具有一定几何形状和尺寸的颗粒体，一般以随机的方式堆积在塔内，又称为乱堆填料或颗粒填料。散装填料根据结构特点不同，又可分为环形填料、鞍形填料、环鞍形填料及球形填料等。现介绍几种较典型的散装填料。

① 拉西环填料　拉西环填料是最早提出的工业填料，其结构为外径与高度相等的圆环，可用陶瓷、塑料、金属等材质制造。拉西环填料的气液分布较差，传质效率低，阻力大，通量小，目前工业上已很少应用。

② 鲍尔环填料　鲍尔环是在拉西环的基础上改进而得的。其结构为在拉西环的侧壁上开出两排长方形的窗孔，被切开的环壁的一侧仍与壁面相连，另一侧向环内弯曲，形成内伸的舌叶，诸舌叶的侧边在环中心相搭，可用陶瓷、塑料、金属等材质制造。鲍尔环由于环壁开孔，大大提高了环内空间及环内表面的利用率，气流阻力小，液体分布均匀。与拉西环相比，其通量可增加50%以上，传质效率提高30%左右。鲍尔环是目前应用较广的填料之一。

③ 阶梯环填料　阶梯环是对鲍尔环的改进。与鲍尔环相比，阶梯环高度减少了一半，并在一端增加了一个锥形翻边。由于高径比减少，使得气体绕填料外壁的平均路径大为缩短，减少了气体通过填料层的阻力。锥形翻边不仅增加了填料的机械强度，而且使填料之间由线接触为主变成以点接触为主，这样不但增加了填料间的空隙，同时成为液体沿填料表面流动的汇集分散点，可以促进液膜的表面更新，有利于传质效率的提高。阶梯环的综合性能优于鲍尔环，成为目前所使用的环形填料中最为优良的一种。

④ 弧鞍填料　弧鞍填料属鞍形填料的一种，其形状如同马鞍，一般采用瓷质材料制成。弧鞍填料的特点是表面全部敞开，不分内外，液体在表面两侧均匀流动，表面利用率高，流道呈弧形，流动阻力小。其缺点是易发生套叠，致使一部分填料表面被重合，使传质效率降低。弧鞍填料强度较差，容易破碎，工业生产中应用不多。

⑤ 矩鞍填料　将弧鞍填料两端的弧形面改为矩形面，且两面大小不等，即成为矩鞍填料。矩鞍填料堆积时不会套叠，液体分布较均匀。矩鞍填料一般采用瓷质材料制成，其性能优于拉西环。目前，国内绝大多数应用瓷拉西环的场合，均已被瓷矩鞍填料所取代。

⑥ 环矩鞍填料　环矩鞍填料（国外称为 Intalox）是兼顾环形和鞍形结构特点而设计出的一种新型填料，该填料一般以金属材质制成，故又称为金属环矩鞍填料。环矩鞍填料将环

形填料和鞍形填料两者的优点集于一体,其综合性能优于鲍尔环和阶梯环,是工业应用最为普遍的一种金属散装填料。

(2) 规整填料　规整填料是按一定的几何图形排列,整齐堆砌的填料。规整填料种类很多,根据其几何结构可分为格栅填料、波纹填料、脉冲填料等,工业上应用的规整填料绝大部分为波纹填料。波纹填料按结构分为网波纹填料和板波纹填料两大类,可用陶瓷、塑料、金属等材质制造。加工中,波纹与塔轴的倾角有 30°和 45°两种,倾角为 30°以代号 BX(或 X)表示,倾角为 45°以代号 CY(或 Y)表示。

金属丝网波纹填料是波纹填料的主要形式,是由金属丝网制成的。其特点是压降低,分离效率高,特别适用于精密精馏及真空精馏装置,为难分离物系、热敏性物系的精馏提供了有效的手段。尽管其造价高,但因性能优良,仍得到了广泛的应用。

金属板波纹填料是板波纹填料的主要形式。该填料的波纹板片上冲压有许多 $\phi 4 \sim \phi 6mm$ 的小孔,可起到粗分配板片上的液体,加强横向混合的作用。波纹板片上轧成细小沟纹,可起到细分配板片上的液体,增强表面润湿性能的作用。金属孔板波纹填料强度高,耐腐蚀性强,特别适用于大直径塔及气液负荷较大的场合。

波纹填料的优点是结构紧凑,阻力小,传质效率高,处理能力大,比表面积大。其缺点是不适于处理黏度大、易聚合或有悬浮物的物料,且装卸、清理困难,造价高。

2. 填料的选择

填料的选择包括确定填料的种类、规格及材质等。所选填料既要满足生产工艺的要求,又要使设备投资和操作费用较低。

(1) 填料种类的选择　填料种类的选择要考虑分离工艺的要求,通常考虑以下几个方面。

① 传质效率　传质效率即分离效率,它有两种表示方法:一是以理论级进行计算的表示方法,以每个理论级当量的填料层高度表示,即 HETP 值;另一是以传质速率进行计算的表示方法,以每个传质单元相当的填料层高度表示,即 HTU 值。在满足工艺要求的前提下,应选用传质效率高,即 HETP(或 HTU)值低的填料。对于常用的工业填料,其 HETP(或 HTU)值可由有关手册或文献中查到,也可通过一些经验公式来估算。

② 通量　在相同的液体负荷下,填料的泛点气速愈高或气相动能因子愈大,则通量愈大,塔的处理能力亦愈大。因此,在选择填料种类时,在保证具有较高传质效率的前提下,应选择具有较高泛点气速或气相动能因子的填料。对于大多数常用填料,其泛点气速或气相动能因子可由有关手册或文献中查到,也可通过一些经验公式来估算。

③ 填料层的压降　填料层的压降是填料的主要应用性能,填料层的压降愈低,动力消耗愈低,操作费用愈小。选择低压降的填料对热敏性物系的分离尤为重要。比较填料的压降有两种方法,一是比较填料层单位高度的压降 $\Delta p/Z$;另一是比较填料层单位传质效率的比压降 $\Delta p/N_T$。填料层的压降可用经验公式计算,亦可从有关图表中查出。

④ 填料的操作性能　填料的操作性能主要指操作弹性、抗污堵性及抗热敏性等。所选填料应具有较大的操作弹性,以保证塔内气液负荷发生波动时维持操作稳定。同时,还应具有一定的抗污堵、抗热敏能力,以适应物料的变化及塔内温度的变化。

此外,所选的填料要便于安装、拆卸和检修。

(2) 填料规格的选择　通常,散装填料与规整填料的规格表示方法不同,选择的方法亦不尽相同,现分别加以介绍。

① 散装填料规格的选择 散装填料的规格通常是指填料的公称直径。工业塔常用的散装填料主要有 D_N16、D_N25、D_N38、D_N50、D_N76 等几种规格。同类填料，尺寸越小，分离效率越高，但阻力增加，通量减小，填料费用也增加很多。而大尺寸的填料应用于小直径塔中，又会产生液体分布不良及严重的壁流，使塔的分离效率降低。因此，对塔径与填料尺寸的比值要有一规定，常用填料的塔径与填料公称直径比值 D/d 的推荐值列于表 4-2。

表 4-2 塔径与填料公称直径的比值 D/d 的推荐值

填料种类	D/d 的推荐值	填料种类	D/d 的推荐值
拉西环	$D/d \geqslant 20 \sim 30$	阶梯环	$D/d > 8$
鞍环	$D/d \geqslant 15$	环矩鞍	$D/d > 8$
鲍尔环	$D/d \geqslant 10 \sim 15$		

② 规整填料规格的选择 工业上常用规整填料的型号和规格的表示方法很多，国内习惯用比表面积表示，主要有 125、150、250、350、500、700 等几种规格，同种类型的规整填料，其比表面积越大，传质效率越高，但阻力增加，通量减小，填料费用也明显增加。选用时应从分离要求、通量要求、场地条件、物料性质及设备投资、操作费用等方面综合考虑，使所选填料既能满足工艺要求，又具有经济合理性。

应予指出，一座填料塔可以选用同种类型、同一规格的填料，也可选用同种类型、不同规格的填料；可以选用同种类型的填料，也可以选用不同类型的填料；有的塔段可选用规整填料，而有的塔段可选用散装填料。设计时应灵活掌握，根据技术经济统一的原则来选择填料的规格。

(3) 填料材质的选择 工业上，填料的材质分为陶瓷、金属和塑料三大类。

① 陶瓷填料 陶瓷填料具有良好的耐腐蚀性及耐热性，一般能耐除氢氟酸以外的常见的各种无机酸、有机酸的腐蚀，对强碱介质，可以选用耐碱配方制造的耐碱陶瓷填料。陶瓷填料因其质脆、易碎，不宜在高冲击强度下使用。陶瓷填料价格便宜，具有很好的表面润湿性能，工业上主要用于气体吸收、气体洗涤、液体萃取等过程。

② 金属填料 金属填料可用多种材质制成，金属材质的选择主要根据物系的腐蚀性和金属材质的耐腐蚀性来综合考虑。碳素钢填料造价低，且具有良好的表面润湿性能，对于无腐蚀或低腐蚀性物系应优先考虑使用；不锈钢填料耐腐蚀性强，一般能耐除 Cl^- 以外常见物系的腐蚀，但其造价较高；钛材、特种合金钢等材质制成的填料造价极高，一般只在某些腐蚀性极强的物系下使用。

金属填料可制成薄壁结构（0.2～1.0mm），与同种类型、同种规格的陶瓷、塑料填料相比，它的通量大、气体阻力小，且具有很高的抗冲击性能，能在高温、高压、高冲击强度下使用，工业应用以金属填料为主。

③ 塑料填料 塑料填料的材质主要包括聚丙烯（PP）、聚乙烯（PE）及聚氯乙烯（PVC）等，国内一般多采用聚丙烯材质。塑料填料的耐腐蚀性能较好，可耐一般的无机酸、碱和有机溶剂的腐蚀。其耐温性良好，可长期在 100℃ 以下使用。聚丙烯填料在低温（低于 0℃）时具有冷脆性，在低于 0℃ 的条件下使用要慎重，可选用耐低温性能好的聚氯乙烯填料。

塑料填料具有质轻、价廉、耐冲击、不易破碎等优点，多用于吸收、解吸、萃取、除尘等装置中。塑料填料的缺点是表面润湿性能差，在某些特殊应用场合，需要对其表面进行处理，以提高表面润湿性能。

三、填料吸收塔工艺设计步骤

工业上较多地使用填料塔作吸收的设备。填料塔的类型很多，其设计的原则大体相同，一般来说，填料塔的设计步骤流程如图 4-5 所示。

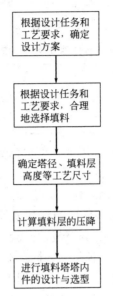

图 4-5 填料塔设计步骤流程

第二节 填料吸收塔工艺尺寸的计算

填料吸收塔工艺尺寸的计算包括塔径的计算、填料层高度的计算及分段等。

一、塔径的计算

填料塔直径采用式 (4-1) 计算，即

$$D = \sqrt{\frac{4V_s}{\pi u}} \tag{4-1}$$

式中，气体体积流量 V_s 由设计任务给定。由上式可见，计算塔径的核心问题是确定空塔气速 u。

1. 空塔气速的确定

(1) 泛点气速法　泛点气速是填料塔操作气速的上限，填料塔的操作空塔气速必须小于泛点气速，操作空塔气速与泛点气速之比称为泛点率。

对于散装填料，其泛点率的经验值为 $u/u_F = 0.5 \sim 0.85$

对于规整填料，其泛点率的经验值为 $u/u_F = 0.6 \sim 0.95$

泛点率的选择主要考虑填料塔的操作压力和物系的发泡程度两方面的因素。设计中，对于加压操作的塔，应取较高的泛点率；对于减压操作的塔，应取较低的泛点率；对易起泡沫的物系，泛点率应取低限值；而无泡沫的物系，可取较高的泛点率。

泛点气速可用经验方程式计算，亦可用关联图求取。

① 贝恩 (Bain)-霍根 (Hougen) 关联式　填料的泛点气速可由贝恩-霍根关联式计算，即

$$\lg\left[\frac{u_F^2}{g}\left(\frac{a_t}{\varepsilon^3}\right)\left(\frac{\rho_V}{\rho_L}\right)\mu_L^{0.2}\right]=A-K\left(\frac{w_L}{w_V}\right)^{1/4}\left(\frac{\rho_V}{\rho_L}\right)^{1/8} \tag{4-2}$$

式中 u_F——泛点气速，m/s；

g——重力加速度，9.81 m/s²；

a_t——填料总比表面积，m²/m³；

ε——填料层空隙率，m³/m³；

ρ_V、ρ_L——气相、液相密度，kg/m³；

μ_L——液体黏度，mPa·s；

w_L、w_V——液相、气相质量流量，kg/h；

A、K——关联常数。

常数 A 和 K 与填料的形状及材质有关，不同类型填料的 A、K 值列于表4-3中。由式(4-2)计算泛点气速，误差在15%以内。

表4-3 式(4-2)中的 A、K 值

散装填料类型	A	K	规整填料类型	A	K
塑料鲍尔环	0.0942	1.75	金属丝网波纹填料	0.30	1.75
金属鲍尔环	0.1	1.75	塑料丝网波纹填料	0.4201	1.75
塑料阶梯环	0.204	1.75	金属网孔波纹填料	0.155	1.47
金属阶梯环	0.106	1.75	金属孔板波纹填料	0.291	1.75
瓷矩鞍	0.176	1.75	塑料孔板波纹填料	0.291	1.563
金属环矩鞍	0.06225	1.75			

② 埃克特（Eckert）通用关联图 散装填料的泛点气速可用埃克特关联图计算，如图4-6所示。计算时，先由气液相负荷及有关物性数据求出横坐标 $\frac{w_L}{w_V}\left(\frac{\rho_V}{\rho_L}\right)^{0.5}$ 的值，然后作垂线与相应的泛点线相交，再通过交点作水平线与纵坐标相交，求出纵坐标 $\frac{u^2\varphi}{g}\left(\frac{\rho_V}{\rho_L}\right)\mu_L^{0.2}$ 值。此时所对应的 u 即为泛点气速 u_F。

应予指出，用埃克特通用关联图计算泛点气速时，所需的填料因子为液泛时的湿填料因子，称为泛点填料因子，以 ϕ_F 表示。泛点填料因子 ϕ_F 与液体喷淋密度有关，为了工程计算的方便，常采用与液体喷淋密度无关的泛点填料因子平均值。表4-4列出了部分散装填料的泛点填料因子平均值，可供设计中参考。

此图适用于乱堆的颗粒形填料，如拉西环、弧鞍形填料、矩鞍形填料、鲍尔环等，其上还绘制了整砌拉西环和弦栅填料两种规整填料的泛点曲线。对于其他填料，尚无可靠的填料因子数据。

(2) 气相动能因子（F因子）法 气相动能因子简称F因子，其定义为

$$F=u\sqrt{\rho_V} \tag{4-3}$$

气相动能因子法多用于规整填料空塔气速的确定。计算时，先从手册或图表中查出填料在操作条件下的 F 因子，然后依据式(4-3)即可计算出操作空塔气速 u。常见规整填料的适宜操作气相动能因子可从有关图表中查得。

应予指出，采用气相动能因子法计算适宜的空塔气速，一般用于低压操作（压力低于

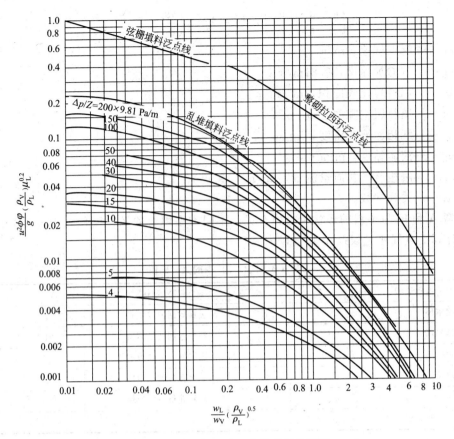

图 4-6　填料塔泛点和压降的通用关联图

u—空塔气速，m/s；ϕ—湿填料因子，简称填料因子，1/m；φ—水的密度和液体的密度之比；g—重力加速度，m/s²；ρ_V、ρ_L—分别为气体和液体的密度，kg/m³；w_V、w_L—分别为气体和液体的质量流量，kg/s

0.2 MPa）的场合。

（3）气相负荷因子（C_s 因子）法　气相负荷因子简称 C_s 因子，其定义为

$$C_s = u\sqrt{\frac{\rho_V}{\rho_L - \rho_V}} \tag{4-4}$$

表 4-4　散装填料泛点填料因子平均值

填料类型	填料因子/m⁻¹				
	$D_N 16$	$D_N 25$	$D_N 38$	$D_N 50$	$D_N 76$
金属鲍尔环	410	—	117	160	—
金属环矩鞍	—	170	150	135	120
金属阶梯环	—	—	160	140	—
塑料鲍尔环	550	280	184	140	92
塑料阶梯环	—	260	170	127	—
瓷矩鞍	—	1100	550	200	226
瓷拉西环	1300	832	600	410	—

气相负荷因子法多用于规整填料空塔气速的确定。计算时,先求出最大气相负荷因子 $C_{s,max}$,然后依据以下关系

$$C_s = 0.8 C_{s,max} \qquad (4-5)$$

计算出 C_s,再依据式(4-4)求出操作空塔气速 u。常用规整填料的 $C_{s,max}$ 的计算见有关填料手册,亦可从图 4-7 所示的 $C_{s,max}$ 曲线图查得。图中的横坐标 ψ 称为流动参数,其定义为

$$\varphi = \frac{w_L}{w_V}\left(\frac{\rho_V}{\rho_L}\right)^{0.5} \qquad (4-6)$$

图 4-4 曲线适用于板波纹填料。若以 250Y 型板波纹填料为基准,对于其他类型的板波纹填料,需要乘以修正系数 C,其值参见表 4-5。

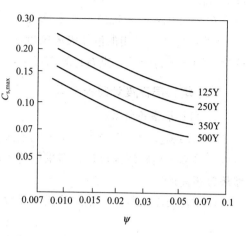

图 4-7 波纹填料最大负荷因子

表 4-5 其他类型的波纹填料的最大负荷修正系数

填料类型	型号	修正系数	填料类型	型号	修正系数
板波纹填料	250Y	1.0	丝网波纹填料	CY	0.65
丝网波纹填料	BX	1.0	陶瓷波纹填料	BX	0.8

2. 塔径的计算与圆整

根据上述方法得出空塔气速 u 后,即可由式(4-1)计算出塔径 D。应予指出,由式(4-1)计算出塔径 D 后,还应按塔径系列标准进行圆整。常用的标准塔径为:400mm、500mm、600mm、700mm、800mm、1000mm、1200mm、1400mm、1600mm、2000mm、2200mm 等。圆整后,再核算操作空塔气速 u 与泛点率。

3. 液体喷淋密度的验算

填料塔的液体喷淋密度是指单位时间、单位塔截面上液体的喷淋量,其计算式为

$$U = \frac{L_h}{0.785 D^2} \qquad (4-7)$$

式中 U——液体喷淋密度,$m^3/(m^2 \cdot h)$;

L_h——液体喷淋量,m^3/h;

D——填料塔直径,m。

为使填料能获得良好的润湿,塔内液体喷淋量应不低于某一极限值,此极限值称为最小喷淋密度,以 U_{min} 表示。

对于散装填料,其最小喷淋密度通常采用下式计算,即

$$U_{min} = (L_W)_{min} a_t \qquad (4-8)$$

式中 U_{min}——最小喷淋密度,$m^3/(m^2 \cdot h)$;

$(L_W)_{min}$——最小润湿速率,$m^3/(m \cdot h)$;

a_t——填料的总比表面积,m^2/m^3。

最小润湿速率是指在塔的截面上,单位长度的填料周边的最小液体体积流量。其值可由经验公式计算(见有关填料手册),也可采用一些经验值。对于直径不超过 75mm 的散装填料,可取最小润湿速率 $(L_W)_{min}$ 为 $0.08 m^3/(m \cdot h)$;对于直径大于 75mm 的散装填料,取

$(L_W)_{min} = 0.12 \text{m}^3/(\text{m} \cdot \text{h})$。

对于规整填料，其最小喷淋密度可从有关填料手册中查得，设计中，通常取 $U_{min} = 0.2$。实际操作时采用的液体喷淋密度应大于最小喷淋密度。若液体喷淋密度小于最小喷淋密度，则需进行调整，重新计算塔径。

二、填料层高度计算及分段

1. 填料层高度计算

填料层高度的计算分为传质单元数法和等板高度法。在工程设计中，对于吸收、解吸及萃取等过程中填料塔的设计，多采用传质单元数法；而对于精馏过程中填料塔的设计，则习惯用等板高度法。

（1）传质单元数法　采用传质单元数法计算填料层高度的基本公式为

$$Z = H_{OG} N_{OG} \tag{4-9}$$

① 传质单元数的计算　传质单元数的计算方法在《化工传质与分离过程》教材的吸收一章中已详尽介绍。此处不再赘述。

② 传质单元高度的计算　传质过程的影响因素十分复杂，对于不同的物系、不同的填料以及不同的流动状况与操作条件，传质单元高度各不相同，迄今为止，尚无通用的计算方法和计算公式。目前，在进行设计时多选用一些特征数关联式或经验公式进行计算，其中应用较为普遍的是修正的恩田（Onde）公式。

修正的恩田公式为

$$k_G = 0.237 \left(\frac{U_V}{a_t \mu_V}\right)^{0.7} \left(\frac{\mu_V}{\rho_V D_V}\right)^{1/3} \left(\frac{a_t D_V}{RT}\right) \tag{4-10}$$

$$k_L = 0.0095 \left(\frac{U_L}{a_w k_L}\right)^{2/3} \left(\frac{\mu_L}{\rho_L D_L}\right)^{-1/2} \left(\frac{\mu_L g}{\rho_L}\right)^{1/3} \tag{4-11}$$

$$k_G a = k_G a_w \Psi^{1.1} \tag{4-12}$$

$$k_L a = k_L a_w \Psi^{0.4} \tag{4-13}$$

其中

$$\frac{a_w}{a_t} = 1 - \exp\left[-1.45 \left(\frac{\sigma_c}{\sigma_L}\right)^{0.75} \left(\frac{U_L}{a_t \mu_L}\right)^{0.1} \left(\frac{U_L^2 a_t}{\rho_L^2 g}\right)^{-0.05} \left(\frac{U_L^2}{\rho_L \sigma_L a_t}\right)^{0.2}\right] \tag{4-14}$$

式中　U_V、U_L——气体、液体的质量通量，$\text{kg}/(\text{m}^2 \cdot \text{h})$；

μ_V、μ_L——气体、液体的黏度，$\text{kg}/(\text{m} \cdot \text{h})$ [$1\text{Pa} \cdot \text{s} = 3600 \text{kg}/(\text{m} \cdot \text{h})$]；

ρ_V、ρ_L——气体、液体的密度，kg/m^3；

D_V、D_L——溶质在气体、液体中的扩散系数，m^2/s；

R——通用气体常数，$8.314(\text{m}^3 \cdot \text{kPa})/(\text{kmol} \cdot \text{K})$；

T——系统温度，K；

a——单位体积填料内气、液两相的有效接触面积，m^2/m^3；

a_t——填料的总比表面积，m^2/m^3；

a_w——填料的润湿比表面积，m^2/m^3；

g——重力加速度，$1.27 \times 10^8 \text{m}/\text{h}$；

σ_L——液体的表面张力；

σ_c——填料材质的临界表面张力，kg/h^2（$1\text{dyn}/\text{cm} = 12960 \text{kg}/\text{h}^2$）；

Ψ——填料形状系数。

常见材质的临界表面张力值见表 4-6，常见填料的形状系数见表 4-7。

表 4-6 常见材质的临界表面张力值

材质	炭	瓷	玻璃	聚丙烯	聚氯乙烯	钢	石蜡
表面张力/(mN/m)	56	61	73	33	40	75	20

表 4-7 常见填料的形状系数

填料类型	球形	棒形	拉西环	弧鞍	开孔环
Ψ 值	0.72	0.75	1	1.19	1.45

由修正的恩田公式计算出 $k_G a$ 和 $k_L a$ 后，可按下式计算气相总传质单元高度 H_{OG}：

$$H_{OG} = \frac{V}{K_Y a \Omega} = \frac{V}{k_G a p \Omega} \tag{4-15}$$

$$k_G a = \frac{1}{1/(k_G a) + 1/(H k_L a)} \tag{4-16}$$

式中 H——气体、液体的质量通量，$kg/(m^2 \cdot h)$；

Ω——气体、液体的黏度，$kg/(m \cdot h)[1Pa \cdot s = 3600 kg/(m \cdot h)]$；

应予指出，修正的恩田公式只适用于 $u \leq 0.5 u_F$ 的情况，当 $u > 0.5 u_F$ 时，需要按下式进行校正，即

$$k_G' a = \left[1 + 9.5 \left(\frac{u}{u_F} - 0.5 \right)^{1.4} \right] k_G a \tag{4-17}$$

$$k_L' a = \left[1 + 2.6 \left(\frac{u}{u_F} - 0.5 \right)^{2.2} \right] k_L a \tag{4-18}$$

(2) 等板高度法 采用等板高度法计算填料层高度的基本公式为

$$Z = HETP \times N_T \tag{4-19}$$

① 理论板数的计算 理论板数的计算方法在《化工原理》教材的蒸馏一章中已详尽介绍，此处不再赘述。

② 等板高度的计算 等板高度与许多因素有关，不仅取决于填料的类型和尺寸，而且受系统物性、操作条件及设备尺寸的影响。目前尚无准确可靠的方法计算填料的 HETP 值。一般的方法是通过实验测定，或从工业应用的实际经验中选取 HETP 值，某些填料在一定条件下的 HETP 值可从有关填料手册中查得。近年来研究者通过大量数据回归得到了常压蒸馏时的 HETP 关联式如下：

$$\ln(HETP) = h - 1.292 \ln \sigma_L + 1.47 \ln \mu_L \tag{4-20}$$

式中 $HETP$——等板高度，mm；

σ_L——液体表面张力，N/m；

μ_L——液体黏度，$Pa \cdot s$；

h——常数，其值见表 4-8。

表 4-8 HETP 关联式中的常数值

填料类型	h	填料类型	h
$D_N 25$ 金属环矩鞍填料	6.8505	$D_N 50$ 金属鲍尔环	7.3781
$D_N 40$ 金属环矩鞍填料	7.0382	$D_N 25$ 瓷环矩鞍填料	6.8505
$D_N 50$ 金属环矩鞍填料	7.2883	$D_N 38$ 瓷环矩鞍填料	7.1079
$D_N 25$ 金属鲍尔环	6.8505	$D_N 50$ 瓷环矩鞍填料	7.4430
$D_N 38$ 金属鲍尔环	7.0779		

式(4-20)考虑了液体黏度及表面张力的影响,其适用范围如下:

$$103 < \sigma_L < 36 \times 10^{-3} \text{ N/m}; \quad 0.08 \times 10^{-3} < \mu_L < 0.83 \times 10^{-3} \text{ Pa·s}$$

应予指出,采用上述方法计算出填料层高度后,还应留出一定的安全系数。根据设计经验,填料层的设计高度一般为

$$Z' = (1.2 \sim 1.5)Z \tag{4-21}$$

式中 Z'——设计时的填料高度,m;
　　Z——工艺计算得到的填料层高度,m。

2. 填料层的分段

液体沿填料层下流时,有逐渐向塔壁方向集中的趋势,形成壁流效应。壁流效应造成填料层气液分布不均匀,使传质效率降低。因此,设计中,每隔一定的填料层高度,需要设置液体收集再分布装置,即将填料层分段。

(1) 散装填料的分段 对于散装填料,一般推荐的分段高度值见表4-9,表中 h/D 为分段高度与塔径之比,$h_{\max}$ 为允许的最大填料层高度。

表 4-9　散装填料分段高度推荐值

填料类型	h/D	$h_{\max}/\text{m}$	填料类型	h/D	$h_{\max}/\text{m}$
拉西环	2.5	≤4	阶梯环	8~15	≤6
矩鞍	5~8	≤6	环矩鞍	5~15	≤6
鲍尔环	5~10	≤6			

(2) 规整填料的分段 对于规整填料,填料层分段高度可按下式确定:

$$h = (15 \sim 20) HETP \tag{4-22}$$

式中 h——规整填料分段高度,m;
　　$HETP$——规整填料的等板高度,m。

亦可按表4-10推荐的分段高度值确定。

表 4-10　规整填料分段高度推荐值

填料类型	h/m	填料类型	h/m
250Y板波纹填料	6.0	500(BX)丝网波纹填料	3.0
500Y板波纹填料	5.0	700(CX)丝网波纹填料	1.5

三、填料层压降的计算

填料层压降通常用单位高度填料层的压降 $\Delta p/Z$ 表示。设计时,根据有关参数,由通用关联图(或压降曲线)先求得每米填料层的压降值,然后再乘以填料层高度,即得出填料层的压力降。

1. 散装填料的压降计算

(1) 由埃克特通用关联式计算 散装填料的压降值可由埃克特通用关联图计算。计算时,先根据气液负荷及有关物性数据,求出横坐标值,再根据操作空塔气速 u 及有关物性数据,求出纵坐标值。通过作图得出交点,读出过交点的等压线数值,即得出每米填料层压降值。

应予指出,用埃克特通用关联图计算压降时,所需的填料因子为操作状态下的湿填料因子,称为压降填料因子,以 ϕ_p 表示。压降填料因子 ϕ_p 与液体喷淋密度有关,为了工程计算

的方便,常采用与液体喷淋密度无关的压降填料因子平均值。表 4-11 列出了部分散装填料的压降填料因子平均值,可供设计中参考。

表 4-11 散装填料压降填料因子平均值

填料类型	填料因子/m⁻¹					填料类型	填料因子/m⁻¹				
	D_N16	D_N25	D_N38	D_N50	D_N76		D_N16	D_N25	D_N38	D_N50	D_N76
金属鲍尔环	306	—	114	98	—	塑料阶梯环	—	176	116	89	—
金属环矩鞍	—	138	93.4	71	36	瓷矩鞍环	700	215	140	160	—
金属阶梯环	—	—	118	82	—	瓷拉西环	1050	576	450	288	—
塑料鲍尔环	343	232	114	125	62						

(2) 由填料压降曲线查得 散装填料压降曲线的横坐标通常以空塔气速 u 表示,纵坐标以单位高度填料层压降 $\Delta p/Z$ 表示,常见散装填料的 u-$\Delta p/Z$ 曲线可从有关填料手册中查得。

2. 规整填料的压降计算

(1) 由填料的压降关联式计算 规整填料的压降通常关联成以下形式

$$\Delta p/Z = \alpha(u\sqrt{\rho_V})^\beta \tag{4-23}$$

式中 $\Delta p/Z$——每米填料层高度的压力降,Pa/m;

u——空塔气速,m/s;

ρ_V——气体密度,kg/m³;

α、β——关联式常数,可从有关填料手册中查得。

(2) 由填料压降曲线查得 规整填料压降曲线的横坐标通常以 F 因子表示,纵坐标以单位高度填料层压降 $\Delta p/Z$ 表示,常见规整填料的 F-$\Delta p/Z$ 曲线可从有关填料手册中查得。

四、填料塔内件的类型与设计

1. 塔内件的类型

填料塔的内件主要有填料支承装置、填料压紧装置、液体分布装置、液体收集再分布装置等。合理地选择和设计塔内件,对保证填料塔的正常操作及优良的传质性能十分重要。

(1) 填料支承装置 填料支承装置的作用是支承塔内的填料。常用的填料支承装置有栅板型、孔管型、驼峰型等。对于散装填料,通常选用孔管型、驼峰型支承装置;对于规整填料,通常选用栅板型支承装置。设计中,为防止在填料支承装置处压降过大甚至发生液泛,要求填料支承装置的自由截面积应大于 75%。

(2) 填料压紧装置 为防止在上升气流的作用下填料床层发生松动或跳动,需在填料层上方设置填料压紧装置。填料压紧装置有压紧栅板、压紧网板、金属压紧器等不同的类型。对于散装填料,可选用压紧网板,也可选用压紧栅板,在其下方,根据填料的规格敷设一层金属网,并将其与压紧栅板固定;对于规整填料,通常选用压紧栅板。设计中,为防止在填料压紧装置处压降过大甚至发生液泛,要求填料压紧装置的自由截面积应大于 70%。为了便于安装和检修,填料压紧装置不能与塔壁采用连续固定方式,对于小塔可用螺钉固定于塔壁,而大塔则用支耳固定。

(3) 液体分布装置 液体分布装置的种类多样,有喷头式、盘式、管式、槽式及槽盘式等。工业应用以管式、槽式及槽盘式为主。

管式分布器由不同结构形式的开孔管制成。其突出的特点是结构简单,供气体流过的自由截面大,阻力小。但小孔易堵塞,操作弹性一般较小。管式液体分布器多用于中等以下液体负荷的填料塔中。在减压精馏及丝网波纹填料塔中，由于液体负荷较小，设计中通常用管式液体分布器。

槽式液体分布器是由分流槽（又称主槽或一级槽）、分布槽（又称副槽或二级槽）构成的。一级槽通过槽底开孔将液体初分成若干流股，分别加入其下方的液体分布槽。分布槽的槽底（或槽壁）上设有孔道或导管，将液体均匀分布于填料层上。槽式液体分布器具有较大的操作弹性和极好的抗污堵性，特别适合于大气液负荷及含有固体悬浮物、黏度大的液体的分离场合，应用范围非常广泛。

槽盘式分布器是近年来开发的新型液体分布器，它兼有集液、分液及分气三种作用，结构紧凑，气液分布均匀，阻力较小，操作弹性高达10:1，适用于各种液体喷淋量。近年来应用非常广泛，在设计中建议优先选用。

（4）液体收集及再分布装置　前已述及，为减小壁流现象，当填料层较高时需进行分段，故需设置液体收集及再分布装置。

最简单的液体再分布装置为截锥式再分布器。截锥式再分布器结构简单，安装方便，但它只起到将壁流向中心汇集的作用，无液体再分布的功能，一般用于直径小于0.6m的塔中。在通常情况下，一般将液体收集器及液体分布器同时使用，构成液体收集及再分布装置。液体收集器的作用是将上层填料流下的液体收集，然后送至液体分布器进行液体再分布。常用的液体收集器为斜板式液体收集器。

前已述及，槽盘式液体分布器兼有集液和分液的功能，故槽盘式液体分布器是优良的液体收集及再分布装置。

2. 塔内件的设计

填料塔操作性能的好坏、传质效率的高低在很大程度上与塔内件的设计有关。在塔内件设计中，最关键的是液体分布器的设计，现对液体分布器的设计进行简要的介绍。

（1）液体分布器设计的基本要求　性能优良的液体分布器设计时必须满足以下几点。

① 液体分布均匀　评价液体分布均匀的标准是：足够的分布点密度；分布点的几何均匀性；降液点间流量的均匀性。

a. 分布点密度。液体分布器分布点密度的选取与填料类型及规格、塔径大小、操作条件等密切相关，各种文献推荐的值也相差很大。大致规律是：塔径越大，分布点密度越小；液体喷淋密度越小，分布点密度越大。对于散装填料，填料尺寸越大，分布点密度越小；对于规整填料，比表面积越大，分布点密度越大。表4-12、表4-13分别列出了散装填料塔和规整填料塔的分布点密度推荐值，可供设计时参考。

表4-12　Eckert的散装填料塔分布点密度推荐值

塔径/mm	分布点密度/(点/m² 塔截面)	塔径/mm	分布点密度/(点/m² 塔截面)
$D=400$	330	$D \geqslant 1200$	42
$D=750$	170		

表4-13　苏尔寿公司的规整填料塔分布点密度推荐值

填料类型	分布点密度/(点/m² 塔截面)	填料类型	分布点密度/(点/m² 塔截面)
250Y孔板波纹填料	$\geqslant 100$	700(CX)丝网波纹填料	$\geqslant 300$
500(BX)丝网波纹填料	$\geqslant 200$		

b. 分布点的几何均匀性。分布点在塔截面上的几何均匀分布是比分布点密度更为重要

的问题。设计中，一般需通过反复计算和绘图排列，进行比较，选择较佳方案。分布点的排列可采用正方形、正三角形等不同方式。

c. 降液点间流量的均匀性。为保证各分布点的流量均匀，需要分布器总体的合理设计，精细的制作和正确的安装。高性能的液体分布器，要求各分布点与平均流量的偏差小于6%。

② 操作弹性大　液体分布器的操作弹性是指液体的最大负荷与最小负荷之比。设计中，一般要求液体分布器的操作弹性为2～4，对于液体负荷变化很大的工艺过程，有时要求操作弹性达到10以上，此时，分布器必须特殊设计。

③ 自由截面积大　液体分布器的自由截面积是指气体通道占塔截面积的比值。根据设计经验，性能优良的液体分布器，其自由截面积为50%～70%。设计中，自由截面积最小应在35%以上。

④ 其他　液体分布器应结构紧凑、占用空间小、制造容易、调整和维修方便。

(2) 液体分布器布液能力的计算　液体分布器布液能力的计算是液体分布器设计的重要内容。设计时，按其布液作用原理不同和具体结构特性，选用不同的公式计算。

① 重力型液体分布器布液能力计算　重力型液体分布器有多孔型和溢流型两种形式，工业上以多孔型应用为主，其布液工作的动力为开孔上方的液位高度。多孔型分布器布液能力的计算公式为

$$L_s = \frac{\pi}{4} d_0^2 n \phi \sqrt{2g\Delta H} \tag{4-24}$$

式中　L_s——液体流量，m^3/s；

n——开孔数目（分布点数目）；

ϕ——孔流系数，通常取 $\phi = 0.55 \sim 0.60$；

d_0——孔径，m；

ΔH——开孔上方的液位高度，m。

② 压力型液体分布器布液能力计算　压力型液体分布器布液工作的动力为压力差（或压降），其布液能力的计算公式为

$$L_s = \frac{\pi}{4} d_0^2 n \phi \sqrt{2g \frac{\Delta p}{\rho_L g}} \tag{4-25}$$

式中　L_s——液体流量，m^3/s；

n——开孔数目（分布点数目）；

ϕ——孔流系数，通常取 $\phi = 0.60 \sim 0.65$；

d_0——孔径，m；

Δp——分布器的工作压力差（或压降），Pa；

ρ_L——液体密度，kg/m^3。

设计中，液体流量 L_s 为已知，给定开孔上方的液位高度 ΔH（或已知分布器的工作压力差 Δp），依据分布器布液能力计算公式，可设定开孔数目 n，计算孔径 d_0；亦可设定孔径 d_0，计算开孔数目 n。

第三节　填料吸收塔的设计实例

矿石焙烧炉送出的气体冷却到25℃后送入填料塔中，用20℃清水洗涤以除去其中的

SO_2。入塔的炉气流量为 $2400 m^3/h$，其中 SO_2 的摩尔分数为 0.05，要求 SO_2 的吸收率为 95%。吸收塔为常压操作，因该过程液气比很大，吸收温度基本不变，可近似取为清水的温度。试设计该填料吸收塔。

一、设计方案的确定

用水吸收 SO_2 属中等溶解度的吸收过程，为提高传质效率，选用逆流吸收流程。因用水作为吸收剂，且 SO_2 不作为产品，故采用纯溶剂。

二、填料的选择

对于水吸收 SO_2 的过程，操作温度及操作压力较低，工业上通常选用塑料散装填料。在塑料散装填料中，塑料阶梯环填料的综合性能较好，故此选用 $D_N 38$ 聚丙烯阶梯环填料。

三、基础物性数据

1. 液相物性数据

对低浓度吸收过程，溶液的物性数据可近似取纯水的物性数据。由手册查得，20℃时水的有关物性数据如下：

密度为 $\rho_L = 998.2 kg/m^3$

黏度为 $\mu_L = 0.001 Pa·s = 3.6 kg/(m·h)$

表面张力为 $\sigma_L = 72.6 dyn/cm = 940896 kg/h^2$

SO_2 在水中的扩散系数为 $D_L = 1.47 \times 10^{-5} cm^2/s = 5.29 \times 10^{-6} m^2/h$

2. 气相物性数据

混合气体的平均摩尔质量为

$$M_{Vm} = \Sigma y_i M_i = 0.05 \times 64.06 + 0.95 \times 29 = 30.75$$

混合气体的平均密度为

$$\rho_{Vm} = \frac{pM_{Vm}}{RT} = \frac{101.3 \times 30.75}{8.314 \times 298} = 1.257 (kg/m^3)$$

混合气体的黏度可近似取为空气的黏度，查手册得20℃空气的黏度为

$$\mu_V = 1.81 \times 10^{-5} Pa·s = 0.065 [kg/(m·h)]$$

查手册得 SO_2 在空气中的扩散系数为

$$D_V = 0.108 cm^2/s = 0.039 m^2/h$$

3. 气液相平衡数据

由手册查得，常压下20℃时 SO_2 在水中的亨利系数为

$$E = 3.55 \times 10^3 kPa$$

相平衡常数为

$$m = \frac{E}{p} = \frac{3.55 \times 10^3}{101.3} = 35.04$$

溶解度系数为

$$H = \frac{\rho_L}{EM_s} = \frac{998.2}{3.55 \times 10^3 \times 18.02} = 0.0156 [kmol/(kPa·m^3)]$$

四、物料衡算

进塔气相摩尔比为

$$Y_1 = \frac{y_1}{1-y_1} = \frac{0.05}{1-0.05} = 0.0526$$

出塔气相摩尔比为
$$Y_2 = Y_1(1-\varphi_A) = 0.0526 \times (1-0.95) = 0.00263$$

进塔惰性气相流量为
$$V = \frac{2400}{22.4} \times \frac{273}{273+25} \times (1-0.05) = 93.25 (\text{kmol/h})$$

该吸收过程属低浓度吸收，平衡关系为直线，最小液气比可按下式计算，即
$$\left(\frac{L}{V}\right)_{\min} = \frac{Y_1 - Y_2}{Y_1/m - X_2}$$

对于纯溶剂吸收过程，进塔液相组成为
$$X_2 = 0$$
$$\left(\frac{L}{V}\right)_{\min} = \frac{0.0526 - 0.00263}{0.0526/35.04 - 0} = 33.29$$

取操作液气比为
$$\frac{L}{V} = 1.4 \left(\frac{L}{V}\right)_{\min}$$
$$\frac{L}{V} = 1.4 \times 33.29 = 46.61$$
$$L = 46.61 \times 93.25 = 4346.38 (\text{kmol/h})$$
$$V(Y_1 - Y_2) = L(X_1 - X_2)$$
$$X_1 = \frac{93.25 \times (0.0526 - 0.00263)}{4346.38} = 0.0011$$

五、填料塔工艺尺寸的计算

1. 塔径计算

采用 Eckert 通用关联图计算泛点气速。

气相质量流量为
$$w_V = 2400 \times 1.257 = 3016.8 (\text{kg/h})$$

液相质量流量可近似按纯水的流量计算，即
$$w_L = 4346.38 \times 18.02 = 78321.77 (\text{kg/h})$$

Eckert 通用关联图的横坐标为
$$\frac{w_L}{w_V}\left(\frac{\rho_V}{\rho_L}\right)^{0.5} = \frac{78321.77}{3016.8} \times \left(\frac{1.257}{998.2}\right)^{0.5} = 0.921$$

查图 4-6 得
$$\frac{u_F^2 \phi_F \varphi}{g} \times \frac{\rho_V}{\rho_L} \mu_L^{0.2} = 0.023$$

查表 4-4 得
$$\phi_F = 170 \text{m}^{-1}$$
$$u_F = \sqrt{\frac{0.023 g \rho_L}{\phi_F \varphi \rho_V \mu_L^{0.2}}} = \sqrt{\frac{0.023 \times 9.81 \times 998.2}{170 \times 1 \times 1.257 \times 1^{0.2}}} = 1.027 (\text{m/s})$$

取

$$u = 0.7u_F = 0.7 \times 1.027 = 0.719 \text{(m/s)}$$

由

$$D = \sqrt{\frac{4V_s}{\pi u}} = \sqrt{\frac{4 \times 2400/3600}{3.14 \times 0.719}} = 1.087 \text{(m)}$$

圆整塔径，取 $D = 1.2\text{m}$。

泛点率校核：

$$u = \frac{2400/3600}{0.785 \times 1.2^2} = 0.59 \text{(m/s)}$$

$$\frac{u}{u_F} = \frac{0.59}{1.027} \times 100\% = 57.45\% \text{(在允许范围内)}$$

填料规格校核：

$$\frac{D}{d} = \frac{1200}{50} = 24 > 8$$

液体喷淋密度校核：

取最小润湿速率为

$$(L_w)_{\min} = 0.08 \text{m}^3/(\text{m} \cdot \text{h})$$

查填料手册得

$$a_t = 132.5 \text{m}^2/\text{m}^3$$

$$U_{\min} = (L_w)_{\min} a_t = 0.08 \times 132.5 = 10.6 [\text{m}^3/(\text{m}^2 \cdot \text{h})]$$

$$U = \frac{78321.77/998.2}{0.785 \times 1.2^2} = 61.42 > U_{\min}$$

经以上校核可知，填料塔直径选用 $D = 1200\text{mm}$ 合理。

2. 填料层高度计算

$$Y_1^{\neq} = mX_1 = 35.04 \times 0.0011 = 0.0385$$
$$Y_2^{\neq} = mX_2 = 0$$

脱吸因数为

$$S = \frac{mV}{L} = \frac{35.04 \times 93.25}{4346.38} = 0.752$$

气相总传质单元数为

$$N_{OG} = \frac{1}{1-S} \ln\left[(1-S)\frac{Y_1 - Y_2^{\neq}}{Y_2 - Y_2^{\neq}} + S\right]$$

$$= \frac{1}{1-0.752} \ln\left[(1-0.752) \times \frac{0.0526-0}{0.00263-0} + 0.752\right] = 7.026$$

气相总传质单元高度采用修正的恩田关联式计算：

$$\frac{a_w}{a_t} = 1 - \exp\left\{-1.45\left(\frac{\sigma_c}{\sigma_L}\right)^{0.75}\left(\frac{U_L}{a_t \mu_L}\right)^{0.1}\left(\frac{U_L^2 a_t}{\rho_L^2 g}\right)^{-0.05}\left(\frac{U_L^2}{\rho_L \sigma_L a_t}\right)^{0.2}\right\}$$

查表 4-6 得

$$\sigma_c = 33 \text{ dyn/cm} = 427680 \text{kg/h}^2$$

液体质量通量为

$$U_L = \frac{78321.77}{0.785 \times 1.2^2} = 69286.77 [\text{kg}/(\text{m}^2 \cdot \text{h})]$$

$$\frac{a_w}{a_t} = 1 - \exp\left[-1.45 \times \left(\frac{427680}{940896}\right)^{0.75} \times \left(\frac{69286.77}{132.5 \times 3.6}\right)^{0.1} \times \left(\frac{69286.77^2 \times 132.5}{998.2^2 \times 1.27 \times 10^8}\right)^{-0.05}\right.$$
$$\left. \times \left(\frac{69286.77^2}{998.2 \times 940896 \times 132.5}\right)^{0.2}\right] = 0.592$$

气膜吸收系数由下式计算：

$$k_G = 0.237 \left(\frac{U_V}{a_t \mu_V}\right)^{0.7} \left(\frac{\mu_V}{\rho_V D_V}\right)^{1/3} \left(\frac{a_t D_V}{RT}\right)$$

气体质量通量为

$$U_V = \frac{2400 \times 1.257}{0.785 \times 1.2^2} = 2668.79 [kg/(m^2 \cdot h)]$$

$$k_G = 0.237 \times \left(\frac{2668.79}{132.5 \times 0.065}\right)^{0.7} \times \left(\frac{0.065}{1.257 \times 0.039}\right)^{1/3} \times \left(\frac{132.5 \times 0.039}{8.314 \times 293}\right)$$
$$= 0.0336 [kmol/(m^2 \cdot h \cdot kPa)]$$

液膜吸收系数由下式计算：

$$k_L = 0.0095 \left(\frac{U_L}{a_w \mu_L}\right)^{2/3} \left(\frac{\mu_L}{\rho_L D_L}\right)^{-1/2} \left(\frac{\mu_L g}{\rho_L}\right)^{1/3}$$
$$= 0.0095 \times \left(\frac{69286.77}{0.592 \times 132.5 \times 3.6}\right)^{2/3} \times \left(\frac{3.6}{998.2 \times 5.29 \times 10^{-6}}\right)^{-1/2} \times \left(\frac{3.6 \times 1.27 \times 10^8}{998.2}\right)^{1/3}$$
$$= 1.099 \; (m/h)$$

由 $k_G a = k_G a_w \Psi^{1.1}$，查表 4-7 得

$$\Psi = 1.45$$

则 $\quad k_G a = k_G a_w \Psi^{1.1}$
$$= 0.0336 \times 0.592 \times 132.5 \times 1.45^{1.1} = 3.966 \; [kmol/(m^3 \cdot h \cdot kPa)]$$

$$k_L a = k_L a_w \Psi^{0.4}$$
$$= 1.099 \times 0.592 \times 132.5 \times 1.45^{0.4} = 100.02 \; (L/h)$$

$$\frac{u}{u_F} = 57.45\% > 50\%$$

由 $k'_G a = \left[1 + 9.5\left(\frac{u}{u_F} - 0.5\right)^{1.4}\right] k_G a$，$k'_L a = \left[1 + 2.6\left(\frac{u}{u_F} - 0.5\right)^{2.2}\right] k_L a$，得

$$k'_G a = [1 + 9.5 \times (0.5745 - 0.5)^{1.4}] \times 3.966 = 4.959 [kmol/(m^3 \cdot h \cdot kPa)]$$
$$k'_L a = [1 + 2.6 \times (0.5745 - 0.5)^{2.2}] \times 100.02 = 100.88 (L/h)$$

$$K_G a = \frac{1}{\frac{1}{k'_G a} + \frac{1}{H k'_L a}}$$

则
$$= \frac{1}{\frac{1}{4.959} + \frac{1}{0.0156 \times 100.88}} = 1.195 [kmol/(m^3 \cdot h \cdot kPa)]$$

由 $\quad H_{OG} = \dfrac{V}{K_Y a \Omega} = \dfrac{V}{K_G a p \Omega}$

$$= \frac{93.25}{1.195 \times 101.3 \times 0.785 \times 1.2^2} = 0.681 (m)$$

由 $\quad Z = H_{OG} N_{OG} = 0.681 \times 7.062 = 4.785 (m)$，得
$$Z' = 1.25 \times 4.785 = 5.981 (m)$$

设计取填料层高度为
$$Z' = 6\text{m}$$

查表 4-8，对于阶梯环填料，$\dfrac{h}{D} = 8 \sim 15$，$h_{\max} \leqslant 6\text{m}$。

取 $\dfrac{h}{D} = 8$，则
$$h = 8 \times 1200 = 9600(\text{mm})$$

计算得填料层高度为 6000mm，故不需分段。

六、填料层压降计算

采用 Eckert 通用关联图计算填料层压降。
横坐标为
$$\dfrac{w_L}{w_V}\left(\dfrac{\rho_V}{\rho_L}\right)^{0.5} = 0.921$$

查表 4-10 得，$\phi_p = 116\text{m}^{-1}$
纵坐标为
$$\dfrac{u^2 \phi_p \varphi}{g} \times \dfrac{\rho_V}{\rho_L} \mu_L^{0.2} = \dfrac{0.59^2 \times 116 \times 1}{9.81} \times \dfrac{1.257}{998.2} \times 1^{0.2} = 0.0052$$

查图 4-5 得
$$\Delta p / Z = 107.91 \text{Pa/m}$$

填料层压降为
$$\Delta p = 107.91 \times 6 = 647.46 \text{Pa}$$

七、液体分布器简要设计

1. 液体分布器的选型
该吸收塔液相负荷较大，而气相负荷相对较低，故选用槽式液体分布器。

2. 分布点密度计算
按 Eckert 建议值，$D \geqslant 1200$ 时，喷淋点密度为 42 点/m²，因该塔液相负荷较大，设计取喷淋点密度为 120 点/m²。
布液点数为
$$n = 0.785 \times 1.22 \times 120 = 135.6 \text{点} \approx 136 \text{点}$$

按分布点几何均匀与流量均匀的原则，进行布点设计。设计结果为：二级槽共设七道，在槽侧面开孔，槽宽度为 80mm，槽高度为 210mm，两槽中心矩为 160mm。分布点采用三角形排列，实际设计布点数为 $n = 132$ 点，布液点示意图如图 4-8 所示。

3. 布液计算
由
$$L_s = \dfrac{\pi}{4} d_0^2 n \phi \sqrt{2g\Delta H}$$

取 $\phi = 0.60$，$\Delta H = 160\text{mm}$
$$d_0 = \left(\dfrac{4L_s}{\pi n \phi \sqrt{2g\Delta H}}\right)^{1/2}$$
$$= \left(\dfrac{4 \times 78321.77/998.2 \times 3600}{3.14 \times 132 \times 0.6 \times \sqrt{2 \times 9.81 \times 0.16}}\right)^{1/2} = 0.014(\text{m})$$

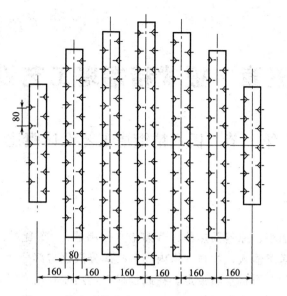

图 4-8　槽式液体分布器二级槽的布液点示意图

设计取 $d_0 = 14$ mm。

第五章 板式精馏塔工艺设计

第一节 板式精馏塔工艺设计概述

一、精馏工艺流程

1. 装置流程

精馏装置包括精馏塔、原料预热器、蒸馏釜（再沸器）、冷凝器、釜液冷却器和产品冷却器等设备。热量自塔釜输入，物料在塔内经多次部分汽化与部分冷凝进行精馏分离，由冷凝器和冷却器中的冷却介质将余热带走。在此过程中，热能利用率很低，为此，在确定装置流程时应考虑余热的利用，注意节能。

另外，为保持塔的操作稳定性，流程中除用泵直接将物料送入塔内，也可采用高位槽送料以免受泵操作波动的影响。

塔顶冷凝装置根据生产情况以决定采用分凝器或全凝器。一般，塔顶分凝器对上升蒸气虽有一定增浓作用，但在石油等工业中获取液相产品时往往采用全凝器，以便于准确控制回流比。若后继装置使用气态物料，则宜用分凝器。

总之，确定流程时要较全面、合理地兼顾设备、操作费用、操作控制及安全诸因素。

2. 操作压力

精馏操作通常可在常压、减压和加压下进行。确定操作压力时，必须根据所处理的物料性质，兼顾技术上的可行性和经济上的合理性进行全面考虑。操作压力常取决于冷凝温度。一般除热敏性物料外，凡通过常压蒸馏不难实现分离要求，并能用江河水或循环水将馏出物冷凝下来的系统，都应采用常压蒸馏；对热敏性物料或混合液沸点过高的系统则宜采用减压蒸馏；对常压下馏出物的冷凝温度过低的系统，需提高塔压或采用深井水、冷冻盐水作为冷却剂；而常压下呈气态的物料必须采用加压蒸馏。例如苯乙烯常压沸点为 145.2℃，而将其加热到 102℃ 以上就会发生聚合，故苯乙烯应采用减压蒸馏；脱丙烷、丙烯塔操作压力提高到 1765kPa 时，冷凝温度约 50℃，便可用江河水或循环水进行冷凝冷却，则运转费用减少；石油气常压呈气态，必须采用加压蒸馏分离。

3. 进料状态

进料状态与塔板数、塔径、回流比及塔的热负荷都有关。进料热状态有五种。

① $q>1.0$，为低于泡点温度的冷液进料；

② $q=1.0$ 为泡点下的饱和液体；

③ $0<q<1$ 为介于泡点与露点间的气液混合物；

④ $q=0$ 为露点下的饱和蒸气；

⑤ $q<0$ 为高于露点的过热蒸气进料。

一般都将料液预热到泡点或接近泡点才送入塔中，这样塔的操作比较容易控制，不受季节气温的影响。另外，泡点进料时，提馏段与精馏段的塔径相同，在设计上和制造上都比较方便。

4. 加热方式

蒸馏大多采用间接蒸汽加热，设置再沸器。有时也可采用直接蒸汽加热，例如蒸馏釜残液中的主要组成是水，且在低浓度下轻组分的相对挥发度较大时（如乙醇与水混合液）宜用直接蒸汽加热，其优点是可以利用压力较低的加热蒸汽以节省操作费用，并省掉间接加热设备。但由于直接蒸汽的加入，对釜内溶液起一定稀释作用，在进料条件和产品纯度、轻组成收率一定的前提下，釜液浓度相应降低，故需在提馏段增加塔板以达到生产要求。

5. 回流比的选择

适宜的回流比是指精馏过程中设备费用与操作费用两方面之和为最低时的回流比。精馏过程的主要设备费用有精馏塔、再沸器和冷凝器，当回流比最小时，塔板数为无穷大，故设备费用最大，当回流比略大于最小回流比时，塔板数便从无穷多锐减到某一值，塔的设备费用随之锐减，当回流比继续增大时，塔板数仍随之减少，但已较缓慢。但是，由于回流比的增加，导致上升蒸气量随之增加，从而使塔径、再沸器、冷凝器等尺寸相应增大，设备费用随之上升，如图5-1中的曲线1所示。

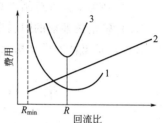

图5-1 回流比优化图
1—设备费用；2—操作费用；3—总费用

精馏过程的操作费用主要包括再沸器加热介质费用和冷凝器冷却介质的费用之和。当回流比增加时，加热介质和冷却介质消耗量随之增加，导致操作费用相应增加，如图5-1中的曲线2所示。

因此，总费用是设备费用与操作费用之和，它与回流比的大致关系如图5-1中的曲线3所示。曲线3的最低点对应的回流比为适宜回流比。

一般经验值为：

$$R=(1.1\sim 2.0)R_{min} \tag{5-1}$$

式中　R——操作回流比；

R_{min}——最小回流比。

对特殊物系的场合，则应根据实际需要选定回流比。在进行课程设计时，也可参考同类生产的经验值选定，必要时可选若干个R值，利用吉利兰图（简捷法）求出对应理论塔板数N，N-R曲线或$N(R+1)$-R曲线，从中找出适宜操作回流比R。也可做出R对精馏操作费用的关系线，从中确定适宜回流比R。

6. 热能利用

精馏过程的特性是反复进行部分汽化和部分冷凝，因此，热效率低。一般进入再沸器能量的95%以上被塔顶冷凝器中的冷水或空气带走。在设计过程中必须考虑热能利用问题。

塔顶蒸汽和塔底残液都有余热可利用，但要分别考虑这些热量的特点。如塔顶蒸汽冷凝放出大量热量，但能位较低，不可直接用来作为塔底热源。如采用热泵技术使塔顶蒸汽经绝热压缩，提高温度用于塔釜加热，既节省了大量的加热蒸汽或其他热源，又节省了塔顶冷凝水或其他冷凝。

二、板式精馏塔工艺设计步骤

(1) 根据设计任务书搜集有关物性数据，确定精馏操作流程，画出工艺流程示意图。

(2) 物料衡算。

(3) 确定塔板数，直角梯形图解法确定理论板数，估算塔效率，确定实际塔板数。

(4) 工艺条件计算（操作压力、温度、密度、黏度、表面张力等）。

(5) 塔的主要工艺尺寸计算　选板间距确定塔高；确定塔径；塔板布置（开孔率、溢流装置尺寸等）。

(6) 流体力学性能校核　单板压降小于设计允许值；雾沫夹带小于 0.1kg（液）/kg（气）；漏液量（稳定系数）；液泛 [清液层高度 $\leqslant \phi(H_T + h_W)$]。

(7) 如果流体力学性能校核正确，绘出负荷性能图，确定操作弹性，如果不正确，调整塔的主要工艺尺寸，重新计算校核直到正确为止。

(8) 列出工艺计算结果总表。

(9) 确定精馏塔的附属设备及接管尺寸。

(10) 画出精馏塔结构示意图。

第二节　二元连续板式精馏塔的工艺计算

一、物料衡算和操作线方程

1. 间接蒸汽加热

(1) 全塔物料衡算

总物料
$$F = D + W \tag{5-2}$$

易挥发组分
$$F x_F = D x_D + W x_W \tag{5-3}$$

式中　F、D、W——分别为进料、馏出液和釜液的流量，kmol/h；

x_F、x_D、x_W——分别为进料、馏出液和釜液中易挥发组分的组成，摩尔分数。

(2) 精馏段操作线方程

$$y_{n+1} = \frac{L}{L+D} x_n + \frac{D}{L+D} x_D \tag{5-4}$$

$$y_{n+1} = \frac{R}{R+1} x_n + \frac{1}{R+1} x_D \tag{5-5}$$

式中　L——精馏段内回流液流量，kmol/h，$L = RD$；

x_n——精馏段内第 n 层理论板下降的液相组成，摩尔分数；

y_{n+1}——精馏段内第 $n+1$ 层理论板上升的组成，摩尔分数。

(3) 提馏段操作线方程

$$x'_m = \frac{L'}{L'-W} x'_W - \frac{W}{L'-W} x_W \tag{5-6}$$

$$y'_{m+1} = \frac{L+qF}{L+qF-W} x'_W - \frac{W}{L+qF-W} x_W \tag{5-7}$$

$$L' = L + qF \tag{5-8}$$

式中　L'——提馏段内回流液流量，kmol/h；

x'_m——提馏段内第 m 层理论板下降的液相组成，摩尔分数；

y'_{m+1}——提馏段第 $m+1$ 层理论板上升的蒸气组成，摩尔分数。

(4) 进料方程（q 线方程）

$$y = \frac{q}{q-1}x - \frac{x_F}{q-1} \quad (5\text{-}9)$$

q 线方程代表精馏段操作线与提馏段操作线交点的轨迹方程。

2. 直接蒸汽加热

全塔物料衡算

总物料 $\qquad F + S + L = V + W' \qquad (5\text{-}10)$

易挥发组分 $\qquad Fx_F + Sy_0 + Lx_L = Vy_1 + W'x_{W'} \qquad (5\text{-}11)$

式中 S、y_0——分别为直接蒸汽量（kmol/h）及其组成；

W'、x_W'——分别为直接蒸汽加热时釜液量（kmol/h）及其组成，摩尔分数。

精馏段操作线方程

$$y_{n+1} = \frac{R}{R+1}x_n + \frac{1}{R+1}x_D \quad (5\text{-}12)$$

提馏段操作线方程

$$y'_{m+1} = \frac{W'}{S}x'_m - \frac{W'}{S}x'_W \quad (5\text{-}13)$$

二、理论板数的计算

本课程设计的重点是二元混合物体系精馏操作。欲计算完成规定分离要求所需的理论板数，需知原料液组成，选择进料热状态和操作回流比等精馏操作条件，利用气液相平衡关系和操作线方程求算。精馏塔理论板数的计算方法有多种，现以塔内恒摩尔流假定为前提，介绍常用的理论板数求算方法。

1. 逐板计算法

通常从塔顶开始进行逐板计算，设塔顶采用全凝器，泡点回流，则自第一层板上升蒸气组成等于塔顶产品组成，即 $y_1 = x_D$（已知）。而自第一层板下降的液体组成 x_1 与 y_1 相平衡，可利用相平衡方程求取 x_1。第二层板上升蒸气组成 y_2 与 x_1 满足精馏段操作关系，即

$$y_2 = \frac{R}{R+1}x_1 + \frac{x_D}{R+1} \quad (5\text{-}14)$$

由上式求取 y_2。同理由 y_2 利用平衡线方程求 x_2，再由 x_2 利用操作线方程求 y_3⋯，如此交替利用平衡线方程和精馏段操作线方程进行下行逐板计算，直到 $x_n \leqslant x_F$ 时，则第 n 层理论板即为进料板，精馏段理论板数为 $(n-1)$ 层。

以下改用提馏段操作线方程，即

$$y'_2 = \frac{L+qF}{L+qF-W}x'_1 - \frac{W}{L+qF-W}x_W \quad (5\text{-}15)$$

由 $x_1 = x_n$ 用上式求得 y_2，同上法交替利用平衡线方程和提馏段操作线方程重复逐板计算，直到 $x_m \leqslant x_W$ 为止。间接蒸汽加热时，再沸器内可视为气液两相达平衡，故再沸器相当于一层理论板，则提馏段理论板数为 $(m-1)$ 层。

以上计算过程中，每使用一次平衡关系，表示需要一层理论板。

显然，逐板计算法可同时求得各层板上的气液相组成，计算结果准确，是求算理论板数的基本方法，但计算比较繁琐。

2. 直角梯级图解法（M.T. 图解法）

将逐板计算过程在 y-x 相平衡图上，分别用平衡线和操作线代替平衡线方程和操作线方

程，用图解理论板的方法代替逐板计算法，则大大简化了求解理论板的过程，但准确性差些，一般二元精馏中常采用此法。

图解理论板的方法和步骤简述于下。

设采用间接蒸汽加热，全凝器 $x_D = y_1$，泡点进料，如图 5-2 所示。

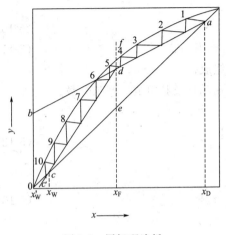

图 5-2 图解理论板

(1) 首先在 y-x 图上作平衡线和对角线

(2) 作精馏段操作线　自点 $a(x_D, x_D)$ 至点 b（精馏段操作线在 y 轴上的截距 $\frac{x_D}{R+1}$）做连线 ab 或自 a 点作斜率为 $\frac{R}{R+1}$ 的直线 ab，即为精馏段操作线。

(3) 作进料线（q 线）　自点 $e(x_F, x_F)$ 作斜率为 $\frac{q}{q-1}$ 的 ef 线（即为 q 线）。q 线 ef 与精馏段操作线 ab 的交点 d，就是精、提馏段两操作线的交点。

(4) 作提馏段操作线　连接点 d 与点 $c(x_W, x_W)$，dc 线即为提馏段操作线。也可自点 c 开始作斜率为 $\frac{L+qF}{L+qF-W}$ 的线段即为提馏段操作线。此线与 ab 线交点即点 d。

(5) 图解理论板层数　自点 $a(x_D, x_D)$ 开始，在精馏段操作线 ab 与平衡线之间绘直角阶梯，梯级跨过两操作线交点 d 时，改在提馏段操作线与平衡线之间绘直角阶梯，直到梯级的垂直线达到或超过点 $c(x_W, x_W)$ 为止，每一个梯级代表一层理论板，跨过交点 d 的梯级为进料板。

本例采用间接蒸汽再沸器，它可视为一层理论板，由图 5-2 可知，共需 9 块理论板（不包括再沸器），其中精馏段 4 层，提馏段 5 层，第 5 层为进料板。

若塔顶采用分凝器，即塔顶蒸气经分凝器部分冷凝作为回流液，未冷凝的蒸气在冷凝器冷凝取得液相产品时，由于离开分凝器的气相与液相可视为相互平衡，故分凝器也相当于一层理论板。故用上述方法求得的理论板层数还应减去一层板。

若采用直接蒸汽加热，塔顶采用全凝器，泡点进料时，求解理论板方法同上，采用相应的平衡关系和操作关系。但图解理论板时应注意塔釜点 $c'(x_W', 0)$ 位于横轴上（直接蒸汽组成 $y_0 = 0$），如图 5-2 所示。

对于要取得两种以上精馏产品或分离不同浓度的原料液的情况，属于多侧线塔的计算，则应将全塔分成（侧线数+1）段，通过对各段作物料衡算，分别写出相应段的操作线方程式，再按常规图解理论板的方法求解所需理论板层数。

应予说明，为提高图解理论板方法作图的准确性，应采用适宜的作图比例，对分离要求很高时，在高浓度区域（近平衡线端部）可局部放大作图比例或采用对数坐标，或采用逐板计算法求解。另外，当所需理论板数极多时，因图解法误差大，则采用适当的数字计算求解。

3. 简捷法

常用的简捷法为吉利兰经验关联图法，该法用于估算理论塔板层数，方法简捷，但准确度稍差。图 5-3 吉利兰关联图纵坐标中的理论板层数 N 及最少理论板层数 N_{min}，均不包括再沸器。

此法求算理论板层数的步骤如下。

(1) 求算 R_{min} 和选定 R 对于理想溶液或在所涉及的浓度范围内相对挥发度可取为常数时，用以下各式计算 R_{min}。

① 进料为饱和液体时

$$R_{min} = \frac{1}{\alpha_m - 1}\left[\frac{x_D}{x_F} - \frac{\alpha_m(1-x_D)}{1-x_F}\right] \quad (5-16)$$

② 进料为饱和蒸汽时

$$R_{min} = \frac{1}{\alpha_m - 1}\left[\frac{\alpha_m x_D}{y_F} - \frac{1-x_D}{1-y_F}\right] \quad (5-17)$$

式中 y_F——饱和液体进料的组成，摩尔分数。

对平衡曲线形状不正常的情况，可用作图法求 R_{min}。

(2) 计算 N_{min}

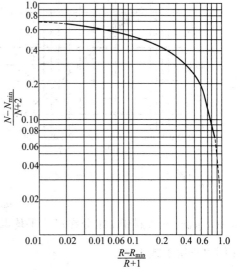

图 5-3 吉利兰关联图

$$N_{min} = \frac{\lg\left[\left(\dfrac{x_D}{1-x_D}\right)\left(\dfrac{1-x_W}{x_W}\right)\right]}{\lg \alpha_m} - 1 \quad (5-18)$$

式中 N_{min}——全回流的最小理论板数（不包括再沸器）；

α_m——全塔平均相对挥发度，当 α 变化不大时，$\alpha_m = \sqrt{\alpha_D \alpha_W}$。

(3) 计算 $\dfrac{R-R_{min}}{R+1}$ 值 在吉利兰图横坐标上找到相应点，自此点引铅垂线与曲线相交，由与交点相应的纵坐标 $\dfrac{N-N_{min}}{N+2}$ 值求算出不包括再沸器的理论板数 N。

(4) 确定进料板位置 由式 (5-18)，以 x_F 代替 x_W，α'_m 代替 α_m，求得 N_{min}，由 (3) 法求得精馏段理论板数 $N_{精}$ 的下一块板。α'_m 为精馏段的平均相对挥发度。

三、塔板总效率的估算

求出理论板数后，要决定塔板效率才能求出实际板数。塔板效率是否理，对设计的塔能否满足生产要求是非常重要的。

塔效率是在规定的分离要求和回流比条件下所需理论塔板数 N_T 与实际塔板数 N_P 的比值，即

$$E_T = \frac{N_T}{N_P} \times 100\% \quad (5-19)$$

塔效率与系统物性、塔板结构及操作条件等有关，影响因素多且复杂，只能通过实验测定获取较可靠的全塔效率数据。设计中可取自条件相近的生产或中试实验数据，必要时也可采用适当的关联方法计算，下面介绍两个应用较广的关联方法。

1. Drickamer 和 Bradford 法

由大量烃类精馏工业装置的实测数据归纳出精馏塔全塔效率关联图，如图 5-4 所示。图中，μ_m 为根据加料组成在塔平均温度下计算的平均黏度，即

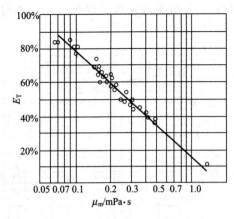
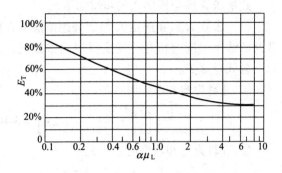

图 5-4 精馏塔全塔效率关联图　　　图 5-5 精馏塔全塔效率关联曲线

$$\mu_m = \sum x_{Fi}\mu_{Li} \tag{5-20}$$

式中　μ_m——进料中 i 组分在塔内平均温度下的液相黏度，mPa·s。

该图也可用下式表达：

$$E = 0.17 - 0.616\lg\mu_m \tag{5-21}$$

适用于液相黏度为 0.17~1.4mPa·s 的烃类物系。

2. O'connell 法

O'connell 将精馏塔全塔效率关联成 $\alpha\mu_L$ 的函数。如图 5-5 所示，是较好的简易方法。

图中 α 为塔顶及塔底平均温度下的相对挥发度；μ_L 为塔顶及塔底平均温度下进料液相平均黏度，mPa·s。

该曲线也可用下式表达：

$$E_T = 0.49\,(\alpha\mu_L)^{-0.245} \tag{5-22}$$

此法适用于 $\alpha\mu_L = 0.1$~7.5，且板上液流长度≤1.0m 的一般工业板式塔。

四、确定实际塔板数

当板效率确定后，根据理论板数直接可以换算实际板数，即

$$N_P = \frac{N_T}{E_T} \tag{5-23}$$

五、灵敏板位置的确定

一个正常操作的精馏塔，当受到某一外界因素的干扰（如回流比、进料组成发生波动等），全塔各板的组成将发生变动，全塔的温度分布也将发生相应的变化。因此，有可能用测量温度的方法预示塔内组成尤其是塔顶馏出液相组成的变化。

仔细考察操作条件变动前后温度分布的变化，即可发现在精馏段或提馏段的某些塔板上，温度变化最为显著。或者说，这些塔板的温度对外界干扰因素的反映最灵敏，故将这些塔板称为灵敏板。将感温元件安置在灵敏板上可以较早察觉精馏操作所受的干扰；而且灵敏板比较靠近进料口，可在塔顶馏出液组成尚未产生变化之前先感受到进料参数的变动并及时采取调节手段，以稳定馏出液的组成。因此，在设计过程中，根据不同回流比大小来确定全塔组成分布和温度分布，画出以塔板序号为纵坐标、温度变化为横坐标的温度分布曲线，得

到温度变化最明显的位置,即为灵敏板位置。

六、板式塔主要工艺尺寸的确定

1. 塔高

塔的有效段高度由下式计算:

$$Z = N_P H_T \tag{5-24}$$

式中 Z——塔的有效段高度,m;

H_T——塔板间距,m。

塔板间距的选定很重要,板间距的大小与液泛和雾沫夹带有关。如板间距取较大,塔内的允许气流速度高,对完成一定的生产任务,塔径可较小;如板间距取较小,塔径就要大些。板间距大还对塔板效率、操作弹性及安装检修有利。但是,板间距增大,会增加塔的总高,增加金属消耗量,造价也高。选择板间距时可参照表5-1所示经验关系选取。

表5-1 板间距与塔径关系

塔径/m	0.3~0.5	0.5~0.8	0.8~1.6	1.6~2.4	2.4~4.0
板间距/m	200~300	250~350	300~450	350~600	400~600

选定时,还要考虑实际情况,例如塔板层数很多时,可选用较小的板间距,适当加大塔径以降低塔的高度;塔内各段负荷差别较大时,也可采用不同的板间距以保持塔径一致;对易起泡沫的物系,板间距应取大些,以保证塔的分离效果;对生产负荷波动较大的场合,也需加大板间距以保持一定的操作弹性。在设计中,有时需反复调整,最终选定适宜的板间距。

此外,考虑安装检修的需要,在塔体人孔处的板间距不应小于600~700mm,以便有足够的工作空间,对只需开手孔的小型塔,开手孔处的板间距可取450mm以下。

2. 塔径

计算塔径的方法有两类:一类是根据适宜的空塔气速,求出塔截面积,再求出塔径。另一类是根据孔流气速,计算出一个孔(阀孔或筛孔)允许通过的气量,决定每块塔板上所需孔数,然后根据孔的排布计算横截面积和塔径。本章仅介绍前一类方法。

(1) 初步计算塔径 一般适宜的空塔速度为允许空塔速度的0.6~0.8。根据流量公式计算塔径,即

$$u = (0.6 \sim 0.8) u_{允许} \tag{5-25}$$

$$u_{允许} = C \sqrt{\frac{\rho_L - \rho_V}{\rho_V}} \tag{5-26}$$

式中 $u_{允许}$——允许空塔速度,m/s;

ρ_L, ρ_V——分别为液相和气相的密度,kg/m³;

C——气体负荷参数,m/s。

负荷系数 C 值可由Smith关联图求取,如图5-6所示。

图5-6中的负荷系数是以表面张力 $\alpha = 20\text{mN/m}$ 的物系绘制的,若表面张力为其他物系,可依下式校正,查出负荷系数,即

$$C = C_{20} \left(\frac{\alpha}{20} \right)^{0.2} \tag{5-27}$$

(2) 塔径核算 初选塔径后必须圆整。根据上述方法计算的塔径应按化工机械标准圆整

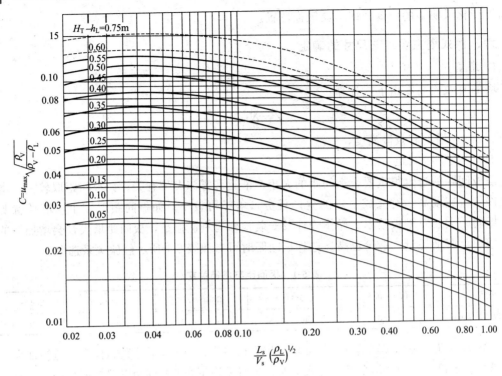

图 5-6 Smith 关联图

h_L——板上液层高度，m；常压塔 $h_L=0.05\sim0.1\text{m}$，减压塔 $h_L=0.025\sim0.03\text{m}$；

(H_T-h_L)——液滴沉降空间高度，m；

$\left(\dfrac{L_s}{V_s}\right)\left(\dfrac{\rho_L}{\rho_V}\right)^{1/2}$——气液动能参数

并核算实际气速。一般塔径在1m以内时，按100mm增值计，塔径超过1m时，按200mm增值定塔径。若精馏段与提馏段负荷变化大，也可分段计算塔径。注意：这样计算出的塔径系初估塔径，此后尚需进行流体力学验算，合格后方能定出实际塔径。

(3) 塔板布置　塔板是气液两相传质的场所。塔板上通常划分为下列区域：①开孔区（鼓泡区）；②溢流区；③安定区；④边缘区（无效区）。如图5-7所示。

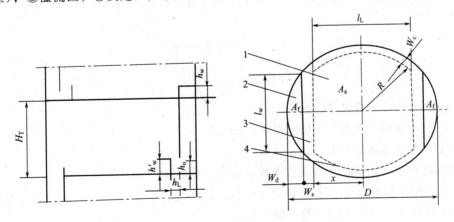

图 5-7　塔板布置说明图

1—鼓泡区；2—溢流区；3—安定区；4—无效区

① 开孔区　为布置筛孔、浮阀等部件的有效传质区，亦称鼓泡区。其面积按在布置板

面上开孔后求得，也可直接计算。对垂直弓形降液管的单流型塔板可按下式计算。

$$A_a = 2\left[x\sqrt{R^2-x^2} + \frac{\pi}{180}R^2\sin^{-1}\left(\frac{x}{R}\right)\right] \quad (5-28)$$

$$x = \left(\frac{D}{2}\right) - (W_d + W_c)$$

$$R = \left(\frac{D}{2}\right) - W_c$$

式中　A_a——鼓泡面积，m^2；

② 溢流区　溢流区面积分别为降液管和受液盘所占面积。

③ 安定区　开孔区与溢流区之间的不开孔区域为安定区（破沫区），其作用为使降液管流出液体在塔板上均布并防止液体夹带大量泡沫进入降液管。其宽度指堰与它最近一排孔中心线之间的距离，可参考下列经验值选定：

溢流堰前的安定区　$W_s = 70 \sim 100$mm

进口堰后的安定区　$W_s = 50 \sim 100$mm

直径小于1m的塔 W_s 可适当减小。

④ 无效区　在靠近塔壁的塔板部分需留出一圈边缘区域供支撑塔板的边梁之用，称无效区，其宽度视需要选定，小塔为 $30 \sim 50$mm，大塔可达 $50 \sim 70$mm。为防止液体经边缘区流过而产生"短路"现象，可在塔板上沿塔壁设置旁流挡板。

(4) 溢流装置　板式塔的溢流装置包括降液管、溢流堰和受液盘及入口堰。参见图5-7。

① 降液管　降液管是塔板间液体流动的通道，也是溢流液中夹带的气体得以分离的场所。降液管有圆形与弓形两类，如图5-8所示。

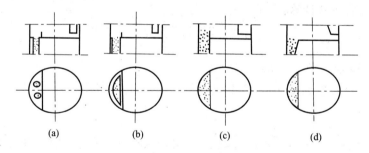

图 5-8　降液管形式

图5-8中（a）为圆形降液管；（b）为内弓形降液管，均适用于直径较小的塔板。(c)为弓形降液管，它是由部分塔壁和一块平板围成的，由于它能充分利用塔内空间，提供较大降液面积及两相分离空间，普遍用于直径较大、负荷较大的塔板。(d) 为倾斜式弓形降液管，它既增大了分离空间，又不过多占用塔板面积，故适用于大直径大负荷的塔板。

降液管的设计应参照以下原则。

a. 降液管中的液体线速度小于 0.1m/s；液体在降液管中的停留时间一般应等于或大于 $3 \sim 5$s，以保证溢流中的泡沫有足够的时间在降液管中得到分离。

$$\tau = \frac{A_f H_T}{L_s} \geqslant 3 \sim 5\text{s} \quad (5-29)$$

b. 弓形降液管的宽度 W_d 与截面积 A_f 可根据堰长与塔径的比值，由图5-11查取。

c. 降液管底隙高度即降液管下端与塔板间的距离，以 h_0 表示。为保证良好的液封，又不致使液流阻力过大，一般 h_0 可按下式计算：

$$h_0 = h_w - (0.006 \sim 0.012) \text{m} \tag{5-30}$$

h_0 也不宜小于 $0.02 \sim 0.025$m，以免引起堵塞。

② 溢流堰（出口堰）　为维持塔板上一定高度的均匀流动的液层，一般采用平直溢流堰（出口堰）。

a. 堰长 l_w。依据溢流形式及液体负荷决定堰长。单溢流型塔板堰长 l_w 一般取为 $(0.6 \sim 0.8)D$；双溢流型塔板，两侧堰长取为 $(0.5 \sim 0.7)D$，其中 D 为塔径。

堰长也可由溢流强度计算。溢流强度即通过单位堰长的液体流量。一般筛板及浮阀塔的堰上液流强度应为：

$$L_h/l_w \leqslant 100 \sim 130 \text{m}^3/(\text{m} \cdot \text{h}) \tag{5-31}$$

式中　l_w——溢流堰长，m；

L_h——液体流量，m^3/h。

对少数液气比极大的过程，堰上溢流强度可允许超此范围，有时为增加堰长也可增设辅助堰。

b. 堰高 h_w。堰高与板上液层高度及堰上液层高度的关系如下：

$$(50 - h_{ow}) \leqslant h_w \leqslant (100 - h_{ow}) \tag{5-32}$$

式中，h_w 与 h_{ow} 的单位均为 mm。

c. 堰上液层高度 h_{ow}。堰上液层高度应适宜，太小则堰上的液体均布差，太大则塔板压降增大，雾沫夹带增加。对平直堰，设计时 h_{ow} 一般应大于 0.006m，若低于此值或液流强度 L_h/l_w 小于 $3\text{m}^3/(\text{m} \cdot \text{h})$ 时，应改用齿形堰。h_{ow} 也不宜超过 $0.06 \sim 0.07$m，否则可改用双溢流型塔板。

平直堰的 h_{ow} 按下式计算：

$$h_{ow} = \frac{2.84}{1000} E \left(\frac{L_h}{l_w}\right)^{2/3} \tag{5-33}$$

式中　E——液流收缩系数，一般可取值为 1。

齿形堰的 h_{ow} 计算参见图 5-9，堰上液层高度 h_{ow} 自齿底算起。

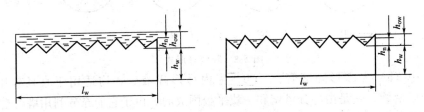

图 5-9　齿形堰 h_{ow} 示意图

h_{ow} 不超过齿顶时：

$$h_{ow} = 1.17 \left(\frac{L_s h_n}{l_w}\right)^{2/5} \tag{5-34}$$

h_{ow} 超过齿顶时：

$$L_s = 0.735 \left(\frac{l_w}{h_n}\right) [h_{ow}^{5/2} - (h_{ow} - h_n)^{5/2}] \tag{5-35}$$

式中　L_s——液体流量，m^3/s；

h_n——齿深，m，一般情况下 h_n 可取为 0.015m。

一般筛板、浮阀塔的板上液层高度在 0.05~0.1m 范围内选取。根据以上关系计算堰上液层高度 h_{ow} 后,再用式(5-32)计算堰高 h_w。

在工业塔中,堰高一般为 0.04~0.05m,减压塔为 0.015~0.025m,高压塔为 0.04~0.08m,一般不宜超过 0.1m。堰高还要考虑降液管底端的液封,一般应使堰高在降液管底端 0.006m 以上,大塔径相应增大此值。若堰高不能满足液封要求时,可设进口堰。

③ 受液盘及入口堰　受溢盘有凹形和平形两种形式。一般情况多采用平形受液盘,有时为使液体进入塔板时平稳并防止塔板液流进口处头几排筛孔因冲击而漏液,对直径为 800mm 以上的塔板,也推荐使用凹形受液盘,如图 5-10 所示。此结构也便于液体侧线抽出,但不宜用于易聚合或有悬浮物的料液。当大直径塔采用平形受液盘时,为保证降液管的液封并均布进入塔板的液流,也可设进口堰。

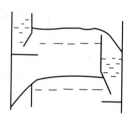

图 5-10　凹形受液盘

(5) 鼓泡区阀孔(筛孔)安排

① 筛孔开孔率和筛孔排布

a. 孔径 d_o。筛孔的孔径 d_o 的选取与塔的操作性能要求、物系性质、塔板厚度、材质及加工费用等有关,一般认为,表面张力为正系统的物系易起泡沫,可采用 d_o 为 3~8mm(常用 4~6mm)的小孔径筛板,属鼓泡型操作;表面张力为负系统的物系及易堵物系,可采用 d_o 为 10~25mm 的大孔径筛板,其造价低,不易堵塞,属喷射型操作。

b. 筛孔排布。筛孔在筛板上一般按正三角形排列,其孔心距 $a=(2.5~5)d_o$,常取 $a=(3~4)d_o$。a/d_o 过小易形成气流相互扰动,过大则鼓泡不均匀,影响塔板的传质效率。

c. 开孔率 ϕ。筛板上筛孔总面积与开孔面积之比称为开孔率 ϕ。筛孔按正三角形排列时可按下式计算:

$$\phi = \frac{A_o}{A_a} = \frac{0.097}{\left(\dfrac{a}{d_o}\right)^2} \tag{5-36}$$

式中　A_o——筛板上筛孔的总面积,m^2;
　　　A_a——筛板上开孔区的总面积,m^2。

一般,开孔率大,塔板压降低,雾沫夹带量少,但操作弹性小,漏液量大,板效率低,通常开孔率为 5%~15%。

d. 筛孔数 n。筛板上的筛孔数按下式计算:

$$n = \left(\frac{1158 \times 10^3}{a^2}\right) A_a \tag{5-37}$$

式中　a——孔心距,mm。

孔数确定后,在塔板开孔区内布筛孔,若布孔数较多,可在适当位置堵孔。应予注意,若塔内上下段负荷变化较大时,应根据流体力学验算情况,分段改变筛孔数以提高全塔的操作稳定性。

② 浮阀的开孔率及阀孔的排列

a. 阀孔孔径。孔径由所选浮阀的型号决定。F_1 型浮阀使用较为普遍,已有标准可查,孔径为 39mm。

b. 阀数和开孔率。通过对塔板效率、板压降及生产能力作综合考虑,一般希望浮阀在刚全开时操作。浮阀刚全开时的阀孔气速称阀孔临界气速 $u_{o,c}$。阀孔临界动能因子一般为

$F_o = u_{o,c} = 9 \sim 12$，利用这一关系决定 $u_{o,c}$。

通常，阀孔气速 u_o 可以大于、小于、等于阀孔临界气速 $u_{o,c}$。如常压操作或加压操作都可以取 $u_o = u_{o,c}$。阀孔数 n 根据上升蒸汽量、阀孔气速 u_o、孔径 d_o 来计算，即

$$n = \frac{V}{u_o \frac{\pi}{4} d_o^2} \tag{5-38}$$

式中 V——上升蒸汽量，m^3/s；
u_o——阀孔气速，m/s；
d_o——孔径，m。

浮阀塔的开孔率是指阀孔面积与塔截面之比，即

$$\phi = \frac{A_o}{A_T} = n \left(\frac{d_o}{D}\right)^2 = \frac{u}{u_o} \tag{5-39}$$

式中 A_T——塔板面积，m^2；
A_o——阀孔总面积，m^2；
u——适宜空塔气速，m/s。

c. 阀孔排列　阀孔安排应使大部分液体内部有气泡透过，一般按三角形排列。在三角形排列中又有顺排和叉排。如图 5-11。

图 5-11　阀孔排列　　　　图 5-12　孔的等边三角形排列

在整块式塔板中，浮阀常以等边三角形排列，如图 5-12 所示，其孔心距一般有 75mm、100mm、125mm、150mm 等几种。在分块式塔板中，为了塔板便于分块，浮阀也可按等腰三角形排列，三角形的底边固定为 75mm，三角形的高度为 65mm、70mm、80mm、90mm、100mm、110mm 几种，必要时还可以调整。

第三节　塔板的流体力学验算

塔板流体力学验算，目的在于检验以上各项工艺尺寸的计算是否合理，塔板能否正常操作，以便决定是否需要对有关工艺尺寸进行必要的调整，进一步揭示塔板的操作性能，并做出塔板负荷性能图。

一、塔板压降

气体通过塔板的压降包括干板压降 h_c、板上液层阻力 h_f 以及鼓泡时克服液体表面张力的阻力 h_σ。由下式计算，即

$$h_p = h_c + h_f + h_\sigma \tag{5-40}$$

(1) 干板阻力 h_c　一般可按以下简化式计算，即

$$h_c = 0.051 \left(\frac{u_o}{C_o}\right)^2 \frac{\rho_V}{\rho_L} \tag{5-41}$$

式中 u_o——筛孔气速，m/s。

C_o——流量系数，对干板影响较大，可用图 5-13 求。

（2）气体通过液层的阻力 h_f

$$h_f = \varepsilon_o h_L = \varepsilon(h_w + h_{ow}) \tag{5-42}$$

式中 ε_o——充气系数，近似取 0.5～0.6。

（3）液体表面张力的阻力 h_σ

$$h_\sigma = \frac{4\sigma}{\rho_L g d_o} \tag{5-43}$$

式中 σ——液体的表面张力，N/m。

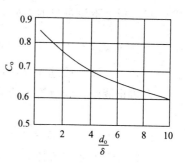

图 5-13 干板的流量系数

二、雾沫夹带量

雾沫夹带指气流穿过板上液层时夹带雾滴进入上层塔板的现象，它影响塔板分离效率，为保持塔板一定效率，应控制雾沫夹带量。综合考虑生产能力和板效率，每千克上升气体夹带上一层塔板的液体量不超过 0.1kg，即控制雾沫夹带量 $e_V < 0.1$ kg（液体）/kg（气体）。计算雾沫夹带量的方法很多，推荐采用 Hunt 的经验式：

$$e_V = \frac{5.7 \times 10^{-6}}{\sigma} \left(\frac{u_a}{H_T - h_f} \right)^{3.2} \tag{5-44}$$

式中 h_f——塔板上的鼓泡层高度，可以按泡沫层相对比例为 0.4 来考虑，即

$$h_f = (h_L/0.4) = 2.5 h_L$$

u_a——按有效流通面积计算的气速，m/s，对单流型塔板，u_a 按下式计算，即

$$u_a = \frac{V_s}{A_T - A_f}$$

式中 A_T、A_f——分别为全塔、降液管的面积，m^2。

三、漏液点气速

当气速逐渐减小至某值时，塔板将发生明显的漏液现象，该气速称为漏液点气速。若气速继续降低，更严重的漏液将使筛板不能积液而破坏正常操作，故漏液点为筛板的下限气速。

漏液点气速常依下式计算，即

$$u_{ow} = 4.4 C_o \sqrt{(0.0056 + 0.13 h_L - h_\sigma) \frac{\rho_L}{\rho_V}} \tag{5-45}$$

当 $h_L < 30$mm 或筛孔较小时，用下式计算：

$$u_{ow} = 4.4 C_o \sqrt{(0.01 + 0.13 h_L - h_\sigma) \frac{\rho_L}{\rho_V}} \tag{5-46}$$

考虑筛板操作的稳定性系数 K，即 $K = u_o / u_{ow} > 1.5 \sim 2.0$。如果 K 偏小，可以适当减小开孔率或降低堰高。

四、液泛

降液管内的清液层高度 H_d 用于克服塔板阻力、板上液层的阻力和液体流过降液管的阻力等。若忽略塔板的液面落差，则可用下式表达：

$$H_d = h_P + h_L + h_d \tag{5-47}$$

式中 h_d——液体流过降液管的液柱高度，m。

若塔板上不设进口堰，h_d 可按如下经验式计算，即

$$h_d = 0.153\left(\frac{L_s}{l_w h_o}\right)^2 = 0.153(u_o')^2 \tag{5-48}$$

式中 u_o'——液体通过降液管底隙时的流速，m/s。

为防止液泛，降液管内的清液层高度 H_d 应为：

$$H_d \leqslant \Psi(H_T + h_w) \tag{5-49}$$

校正系数 Ψ 一般物系取 0.5，易起泡物系取 0.3～0.4，不易发泡物系取 0.6～0.7。

塔板经以上各项流体力学验算合格后，还需绘出塔板的负荷性能图。

五、塔板负荷性能图

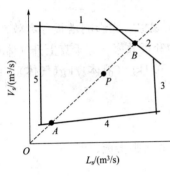

图 5-14 塔板负荷性能图

对各项结构参数一定的筛板，须将气液负荷限制在一定范围内，以维持塔板的正常操作。可用气液相负荷关系线（即 $V_s \sim L_s$ 线）表达允许的气液负荷波动范围，这种关系线即为塔板负荷性能图。对有溢流的塔板，可用下列界限曲线表达负荷性能图，如图 5-14 所示。

(1) 雾沫夹带线 1　取 $e_v = 0.1$ kg 液/kg 气，由式 (5-44) 标绘 $V_s \sim L_s$ 线。

(2) 液泛线 2　根据降液管内液层最高允许高度，联立式 (5-40)、式 (5-47)、式 (5-48)、式 (5-49) 做出此线。

(3) 液相上限线 3　取液相在降液管内停留时间最低允许值 (3～5s)，计算出最大液相负荷 $L_{s,max}$，做出此线，即 $L_{s,max} = A_f H_T/\tau$。

(4) 漏液线 4　由式 (5-45) 或式 (5-46) 标绘，对应 V_s-L_s 做出此线。

(5) 液相负荷下限线 5　取堰上液层高度最小允许值 $h_{ow} = 0.006$m，平堰由下式计算：

$$0.006 = h_{ow} = 12.84 \times 10^{-3} E\left(\frac{3600 L_{s,min}}{l_w}\right)^{2/3}$$

由此求得最小液相负荷为常数，做出此线。

(6) 塔的操作弹性　在塔的操作液气比下，如图 5-14 所示，操作线与界限曲线交点的气相最大负荷与气相允许最低负荷之比，称为操作弹性。

设计塔板时，可适当调整塔板结构参数，使操作点在图中适中位置，以提高塔的操作弹性。

$$K = \frac{V_{s,max}}{V_{s,min}} \tag{5-50}$$

第四节　精馏装置附属设备与接管

一、塔体总结构

板式塔内部装有塔板、降液管、各物流的进出口管及人孔（手孔）、基座、除沫器等附属设备。除一般塔板按设计板间距安装外，其他处根据需要决定其间距。

(1) 塔顶空间　指塔内最上层塔板与塔顶的间距。为利于出塔气体夹带的液滴沉降，此段远高于板间距（甚至高出一倍以上），或根据除沫器要求高度决定。

(2) 塔底空间　指塔内最下层塔板到塔底间距。其值由如下两因素决定：①塔底贮液空间依贮存液量停留 3～5min 或更长时间（易结焦物料可缩短停留时间）而定；②塔底液面

至最下层塔板之间要有 1~2m 的间距，大塔可大于此值。

（3）进料位置　通过工艺计算可以确定最适宜的进料位置，但在结构设计时应考虑具体情况进一步安排不同的进料位置。一般离最适宜进料位置的上下约 1~3 块塔板处再设置两个进料口。相邻两个进料位置的距离应由设计者综合多种因素后确定。

（4）人孔　一般每隔 6~8 层塔板设一人孔（安装、检修用），当塔需经常清洗时，则每隔 3~4 层塔板设一人孔。设人孔处的板间距等于或大于 600mm，人孔直径一般为 450~500mm（特殊的也有长方形人孔），其伸出塔体的筒体长为 200~250mm，人孔中心距操作平台约 800~1200mm。

（5）塔高　如图 5-15 所示。

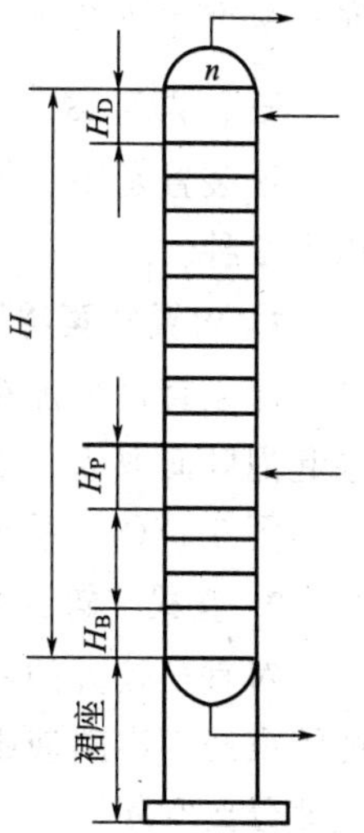

二、冷凝器

塔顶回流冷凝器通常采用管壳式换热器，有立、卧式、管内或管外冷凝等形式，按冷凝器与塔的相对位置区分，有以下几类。

1. 整体式及自流式

对小型塔，冷凝器一般置于塔顶，凝液借重力回流入塔。如图 5-16(a)、(b) 所示，其优点之一是蒸气压降较小，可借改变气升管或塔板位置调节位差，以保证回流与采出所需的压头，可用于凝液难以用泵输送或用泵输送有危险的场合。优点之二是节省安装面积，常用于减压蒸馏或传热面较小（例如 $50m^2$ 以下）的情况。缺点是塔顶结构复杂，维修不便。

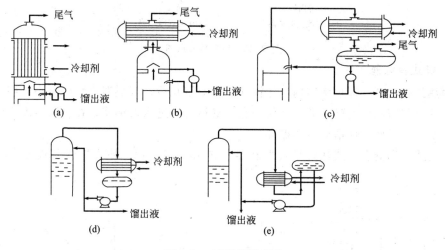

图 5-15　塔高示意图

图 5-16　冷凝器示意图

图 5-16(c) 所示为自流式冷凝器，通常置于塔顶附近的台架上，靠改变台架高度获得回流和采出所需的位差。

2. 强制循环式

当塔的处理量很大或塔板数很多时，若回流冷凝器置于塔顶将造成安装、检修等诸多不便，且造价高。可将冷凝器置于塔下部适当位置，用泵向塔顶送回流，在冷凝器和泵之间需设回流罐，即为强制循环式。如图 5-16(d) 所示为冷凝器置于回流罐之上，回流罐的位置应保证其中液面与泵入口间的位差大于泵的汽蚀余量，若罐内液温近沸点时，应使罐内液面比泵入口高出 3m 以上。如图 5-16(e) 所示为将回流罐置于冷凝器的上部，冷凝器置于地面，凝液借压差流入回流罐中，这样可减少台架，且便于维修，主要用于常压或加压蒸馏。

三、再沸器

该装置是用于加热塔底料液使之部分汽化，提供蒸馏过程所需热量的热交换设备，常用以下几种。

1. 内置式再沸器（蒸馏釜）

此系直接将加热装置设于塔底部，可采用夹套、蛇管或列管式加热器。其装料系数依物系起泡倾向取为 60%～80%。

图 5-17(a) 系小型蒸馏塔常用的内置式再沸器（蒸馏釜）。

2. 釜式（罐式）再沸器

对直径较大的塔，一般将再沸器置于塔外，如图 5-17(b) 所示。其管束可抽出，为保证管束浸于沸腾液中，管束末端设溢流堰，堰外空间为出料液的缓冲区。其液面以上空间为气液分离空间。

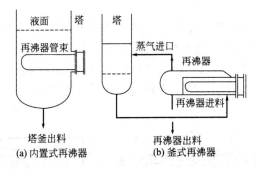

图 5-17 再沸器示意图

3. 虹吸式再沸器

利用热虹吸原理，即再沸器内液体被加热部分汽化后，气液混合物密度小于塔内液体密度，使再沸器与塔间产生静压差，促使塔底溶液被虹吸进入再沸器，在再沸器内汽化后返回塔，因而不必用泵便可使塔底液体循环。

热虹吸式再沸器有立式热虹吸式再沸器［如图 5-18(a)］、卧式热虹吸式再沸器［如图 5-18(b)、(c)所示］。

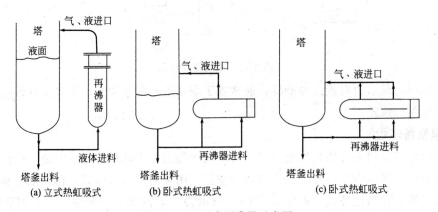

图 5-18 虹吸式再沸器示意图

4. 强制循环式再沸器

对高黏度液体如热敏性物料宜用泵强制循环式再沸器,因其流速大,停留时间短,便于控制和调节液体循环量。如图 5-19(a)、(b) 所示。

再沸器的选型依据工艺要求和再沸器的特点,并结合经济因素考虑。如处理能力较小,循环量小,或精馏塔为饱和蒸气进料时,所需传热面积较小,选用立式热虹吸再沸器较宜,其按单位面积计的再沸器金属耗量低于其他形式,并且具有传热效果较好、占地面积小、连接管线短等优点。

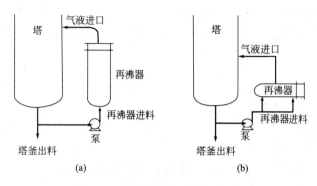

图 5-19 强制循环式再沸器示意图

但立式热虹吸再沸器安装时要求精馏塔底部液面与再沸器顶部管板相平,要有固定标高,其循环速率受流体力学因素制约。当处理能力大,要求循环大,传热面也大时,常选用卧式热虹吸再沸器。一则由于随传热面加大,其单位面积的金属耗量降低较快,二是其循环量受流体力学因素影响较小,可在一定范围内调整塔底与再沸器之间的高度差以适应要求。

热虹吸再沸器的汽化率不能大于 40%,否则传热不良,且因加热管不能充分润湿而易结垢,由于料液在再沸器中滞留时间较短,也难以提高汽化率。若要求较高汽化率,宜采用罐式再沸器,其汽化率可达 80%。此外,对于某些塔底物料需分批移除的塔或间歇精馏塔,因操作范围变化大,也宜采用罐式再沸器。仅在塔底物料黏度很高,或易受热分解而结垢等特殊情况下,才考虑采用泵强制循环式再沸器。

再沸器的传热面积是决定塔操作弹性的一个主要因素,故估算其传热面积时,安全系数要适当选大一些,以防塔底蒸发量不足影响操作。

四、塔的主要接管

塔的接管尺寸由管内蒸气速度及梯级流量决定。各接管允许的蒸气速度简介如下。

(1) 塔顶蒸气出口管径 各种操作压力下管内蒸气许可速度如表 5-2 所示。

表 5-2 管内蒸气许可速度

操作压力(绝压)/kPa	蒸气流速/(m/s)
常压	12~20
13.3~6.7	30~45
6.7 以下	45~60

(2) 回流液管径 借重力回流时,回流液速度一般为 0.2~0.5m/s;用泵输送回流液时,速度为 1~2.5m/s。

(3) 进料管 料液由高位槽流入塔内时,速度可取为 0.4~0.8m/s;泵送料液入塔时,速度取为 1.5~2.5m/s。

(4) 出料管　塔釜液出塔的速度一般可取为 0.5~1.0m/s。

(5) 饱和水蒸气管径　表压为 295kPa 以下时，速度取为 20~40m/s；表压为 785kPa 以下时，速度取为 40~60m/s；表压为 2950kPa 以上时，速度取为 80m/s。

第五节　二元连续板式精馏塔工艺设计计算举例

在常压连续浮阀精馏塔中精馏分离含苯 40% 的苯-甲苯混合液，要求塔顶馏出液中含苯量不小于 98%，塔底釜液中含苯量不大于 2%（以上均为质量分数）。年生产能力 6.6 万吨（生产时间 300 天/年）。

一、已知参数

(1) 原料预热到泡点入塔；
(2) 塔顶采用全凝器泡点回流；
(3) 塔釜采用间接饱和水蒸气加热；
(4) 回流比 $R=(1.1\sim 2.0)R_{min}$，由设计者设计而定。

二、设计计算

1. 精馏流程的确定

苯-甲苯混合料液经预热器加热至泡点后，用泵送入精馏塔。塔顶上升蒸气采用全凝器冷凝后，部分回流，其余作为塔顶产品经冷却器冷却后送至贮槽。塔釜采用间接蒸汽再沸器供热，塔底产品经冷却后送入贮槽。工艺流程图略。

2. 塔的物料衡算

(1) 查阅文献，整理有关物性数据

① 苯和甲苯的物理性质

项　目	分子式	相对分子质量	沸点/℃	临界温度/℃	临界压力/kPa
苯(A)	C_6H_6	78.11	80.1	288.5	6833.4
甲苯(B)	$C_6H_5CH_3$	92.13	110.6	318.57	4107.7

② 常压下苯和甲苯的气液平衡数据

温度 t/℃	液相中苯的摩尔分数 x	气相中苯的摩尔分数 y	温度 t/℃	液相中苯的摩尔分数 x	气相中苯的摩尔分数 y
110.56	0.00	0.00	90.11	55.0	75.5
109.91	1.00	2.50	80.80	60.0	79.1
108.79	3.00	7.11	87.63	65.0	82.5
107.61	5.00	11.2	86.52	70.0	85.7
105.05	10.00	20.8	85.44	75.0	88.5
102.79	15.00	29.4	84.40	80.0	91.2
100.75	20.00	37.2	83.33	85.0	93.6
98.84	25.0	44.2	82.25	90.0	95.9
97.13	30.0	50.7	81.11	95.0	98.0
95.58	35.0	56.6	80.66	97.0	98.8
94.09	40.0	61.9	80.21	99.0	99.61
92.69	45.0	66.7	80.01	100.0	100.0
91.40	50.0	71.3			

③ 饱和蒸气压 p 苯、甲苯的饱和蒸气压可用 Antoine 方程求算。
④ 其他　液相混合物密度 ρ_L、液体表面张力 σ、液体黏度 μ_L、液体汽化热 γ。

(2) 料液及塔顶、塔底产品的摩尔分数

$$x_F = \frac{40/78.11}{40/78.11 + 60/92.13} = 0.440$$

$$x_D = \frac{98/78.11}{98/78.11 + 2/92.13} = 0.983$$

$$x_W = \frac{2/78.11}{2/78.11 + 98/92.13} = 0.024$$

(3) 平均摩尔质量

$M_F = 0.440 \times 78.11 + (1 - 0.440) \times 92.13 = 85.96 \text{(kg/kmol)}$
$M_D = 0.983 \times 78.11 + (1 - 0.983) \times 92.13 = 78.35 \text{(kg/kmol)}$
$M_W = 0.024 \times 78.11 + (1 - 0.024) \times 92.13 = 91.80 \text{(kg/kmol)}$

(4) 物料衡算

已知：$F' = 9170 \text{kg/h}$

总物料衡算　　　　　$F' = D' + W' = 9170$
易挥发组分物料衡算　$0.98D' + 0.02W' = 0.4 \times 9170$

联立以上两式得：

$$F = \frac{9170}{85.96} = 106.68 \text{(kmol/h)}$$

$D' = 3629.8 \text{kg/h} \quad D = \frac{3629.8}{78.35} = 46.33 \text{(kmol/h)}$

$W' = 5540.2 \text{kg/h} \quad W = \frac{5540.2}{91.80} = 60.35 \text{(kmol/h)}$

3. 塔板数的确定

(1) 理论塔板数 N_T 的求取　苯、甲苯属理想物系，可采用 M.T. 图解法求 N_T。

① 根据苯、甲苯得气液平衡数据作 y-x 图及 t-x-y 图，参见图 5-20 及图 5-21。

② 求最小回流比 R_{min} 及操作回流比 R。因泡点进料，在图 5-20 中对角线上自点 (0.44, 0.44) 作垂线即为进料线（q 线），该线与平衡线的交点坐标为 $y_q = 0.658$，$x_q = 0.440$，该点就是最小回流比时操作线与平衡线的交点坐标。

根据最小回流比计算式：

$$R_{min} = \frac{x_D - y_q}{y_q - x_q} = \frac{0.983 - 0.658}{0.658 - 0.440} = 1.49$$

由工艺条件决定 $R = 1.6 R_{min}$。
故取操作回流比 $R = 1.6 \times 1.49 = 2.38$

③ 求理论板数 N_T。精馏段操作线为：

$$y = \frac{R}{R+1} x + \frac{x_D}{R+1} = 0.704x + 0.29$$

如图 5-20 所示，作图法解得：

$N_T = (14.7 - 1)$ 块（不包括塔釜）。其中精馏段理论板数为 7 块，提馏段为 6.7 块（不包括塔釜），并且第 8 块为进料板。

(2) 全塔总效率 E_T　因为 $E_T = 0.17 - 0.616 \lg \mu_m$，根据塔顶、塔釜液相组成，查图 5-

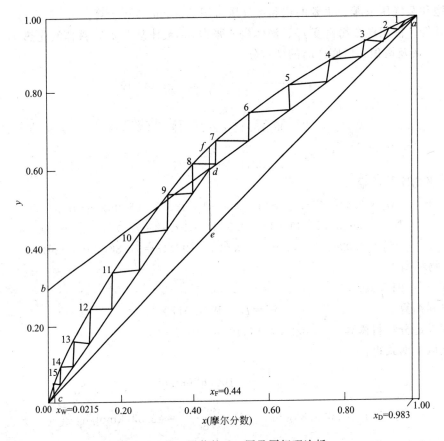

图 5-20 苯、甲苯的 $y\text{-}x$ 图及图解理论板

21，求塔的平均温度为 94.8℃，该温度下进料液相平均黏度为：

$$\mu_m = 0.440\mu_{苯} + (1-0.440)\mu_{甲苯}$$
$$= 0.440 \times 0.265 + (1-0.440) \times 0.28$$
$$= 0.273 \text{mPa·s}$$

故
$$E_T = 0.17 - 0.616 \times \lg 0.273$$
$$= 0.52 = 52\%$$

(3) 实际塔板数 N_P

精馏段　　　　$N_{精} = \dfrac{7}{0.52} = 13.5 \approx 14$（块）

提馏段　　　　$N_{提} = \dfrac{6.7}{0.52} = 12.9 \approx 13$（块）

4. 塔的工艺条件及物性数据计算

以精馏段为例。

(1) 操作压力为 p_m

塔顶压力　　$p_D = 4 + 101.3 = 105.3$（kPa）

若取每层塔板压降　$\Delta p = 0.7$ kPa

则进料板压力　$p_F = 105.3 + 14 \times 0.7 = 115.1$（kPa）

精馏段平均操作压力 $p_\mathrm{m} = \dfrac{105.3+115.1}{2} = 110.2(\mathrm{kPa})$

（2）温度 t_m 根据操作压力，通过试差计算。

$$p = p_\mathrm{A}^\circ x_\mathrm{A} + p_\mathrm{B}^\circ x_\mathrm{B}$$

塔顶 $t_\mathrm{D} = 81.56℃$，进料板 $t_\mathrm{F} = 98.2℃$

$$t_{\mathrm{m},精} = \dfrac{81.56+98.2}{2} = 89.88(℃)$$

（3）平均摩尔质量 $\overline{M}$

塔顶 $\qquad x_\mathrm{D} = y_1 = 0.983 \qquad x_1 = 0.956$

$\overline{M}_\mathrm{VD} = 0.983 \times 78.11 + (1-0.983) \times 92.13 = 78.35(\mathrm{kg/kmol})$

$\overline{M}_\mathrm{LD} = 0.956 \times 78.11 + (1-0.956) \times 92.13 = 78.73(\mathrm{kg/kmol})$

进料板 $\qquad y_\mathrm{F} = 0.612 \qquad x_\mathrm{F} = 0.395$

$\overline{M}_\mathrm{VF} = 0.612 \times 78.11 + (1-0.612) \times 92.13 = 83.55(\mathrm{kg/kmol})$

$\overline{M}_\mathrm{LF} = 0.395 \times 78.11 + (1-0.395) \times 92.13 = 86.59(\mathrm{kg/kmol})$

精馏段的平均摩尔质量

$$\overline{M}_{\mathrm{V},精} = \dfrac{78.35+83.55}{2} = 80.95(\mathrm{kg/kmol})$$

$$\overline{M}_{\mathrm{L},精} = \dfrac{78.73+86.59}{2} = 82.66(\mathrm{kg/kmol})$$

（4）平均密度 ρ_m

① 液相密度 $\rho_{\mathrm{L,m}}$

$$\dfrac{1}{\rho_{\mathrm{L,m}}} = \dfrac{w_\mathrm{A}}{\rho_{\mathrm{L,A}}} + \dfrac{w_\mathrm{B}}{\rho_{\mathrm{L,B}}} \qquad (w\text{ 为质量分数})$$

塔顶 $\qquad \dfrac{1}{\rho_{\mathrm{L,m}}} = \dfrac{0.98}{813.3} + \dfrac{0.02}{808.5}$

$$\rho_{\mathrm{L,m}} = 813.2\,\mathrm{kg/m^3}$$

进料板 由进料板液相组成 $x_\mathrm{A} = 0.395$

$$w_\mathrm{A} = \dfrac{0.395 \times 78.11}{0.395 \times 78.11 + (1-0.395) \times 92.13} = 0.36$$

$$\dfrac{1}{\rho_{\mathrm{LF,m}}} = \dfrac{0.36}{794.6} + \dfrac{1-0.36}{792.1}$$

$$\rho_{\mathrm{LF,m}} = 793.0\,\mathrm{kg/m^3}$$

故精馏段平均液相密度

$$\rho_{\mathrm{L,m}精} = \dfrac{813.2+793.0}{2} = 803.1(\mathrm{kg/m^3})$$

② 气相密度 $\rho_{\mathrm{V,m}}$

$$\rho_{V,\text{精}} = \frac{p\overline{M}_{\text{精}}}{RT} = \frac{110.2 \times 80.95}{8.314 \times (273+89.88)} = 2.96(\text{kg/m}^3)$$

(5) 液体表面张力 σ_m

$$\sigma_m = \sum_{i=1}^{n} x_i \sigma_i$$

$$\sigma_{m,D} = 0.983 \times 21.08 + 0.017 \times 21.52 = 21.09(\text{mN/m})$$

$$\sigma_{m,F} = 0.395 \times 19.07 + 0.605 \times 20.06 = 19.67(\text{mN/m})$$

$$\sigma_{m,\text{精}} = \frac{21.09 + 19.67}{2} = 20.38(\text{mN/m})$$

(6) 液体黏度 $\mu_{L,m}$

$$\mu_{L,m} = \sum_{i=1}^{n} x_i u_i$$

$$\mu_{L,D} = 0.983 \times 0.303 + 0.017 \times 0.307 = 0.303(\text{mPa}\cdot\text{s})$$

$$\mu_{L,F} = 0.395 \times 0.259 + 0.605 \times 0.268 = 0.264(\text{mPa}\cdot\text{s})$$

$$\mu_{L,m\text{精}} = \frac{0.303 + 0.264}{2} = 0.284(\text{mPa}\cdot\text{s})$$

以提馏段为例（略）。

5. 精馏段气液负荷计算

$$V = (R+1)D = (2.38+1) \times 46.33 = 156.78(\text{kmol/h})$$

$$V_s = \frac{V\overline{M}_{V\text{精}}}{3600\rho_{V,m\text{精}}} = \frac{156.78 \times 80.95}{3600 \times 2.96} = 1.19(\text{m}^3/\text{s})$$

$$L = RD = 2.38 \times 46.33 = 110.5(\text{kmol/h})$$

$$L_s = \frac{L\overline{M}_{L\text{精}}}{3600\rho_{L,m\text{精}}} = \frac{110.5 \times 82.66}{3600 \times 803.1} = 0.0032(\text{m}^3/\text{s})$$

6. 提馏段气液负荷计算

$$V' = V = 156.78 \text{kmol/h}$$

$$V'_s = \frac{V'\overline{M}_{V\text{提}}}{3600\rho_{V,m\text{提}}} = \frac{156.78 \times 87.68}{3600 \times 3.32} = 1.15(\text{m}^3/\text{s})$$

$$L' = L + F = 110.5 + 106.68 = 217.18(\text{kmol/h})$$

$$L'_s = \frac{L'\overline{M}_{L\text{提}}}{3600\rho_{L,m\text{提}}} = \frac{217.18 \times 89.31}{3600 \times 783.3} = 0.007(\text{m}^3/\text{s})$$

7. 塔和塔板主要工艺尺寸计算

(1) 塔径　首先考虑精馏段，参考表 5-1，初选板间距 $H_T = 0.45\text{m}$，取板上液层高度 $h_L = 0.07\text{m}$。

故

$$H_T - h_L = 0.45 - 0.07 = 0.38(\text{m})$$

$$\left(\frac{L_s}{V_s}\right)\left(\frac{\rho_L}{\rho_V}\right)^{1/2}=\left(\frac{0.0032}{1.19}\right)\times\left(\frac{803.1}{2.96}\right)^{1/2}=0.0443$$

查图 5-6 得 $C_{20}=0.085$。

根据式(5-27)校核至物系表面张力为 20.38mN/m 时的 C，即

$$C=C_{20}\left(\frac{\sigma}{20}\right)^{0.2}$$

$$=0.085\left(\frac{20.38}{20}\right)^{0.2}=0.0853$$

$$u_{max}=C\sqrt{\frac{\rho_L-\rho_V}{\rho_V}}=0.0853\sqrt{\frac{803.1-2.96}{2.96}}=1.40(m/s)$$

可取安全系数 0.70，则

$$u=0.70u_{max}=0.7\times1.40=0.98(m/s)$$

故

$$D=\sqrt{\frac{4V_s}{\pi u}}=\sqrt{\frac{4\times1.19}{3.14\times0.98}}=1.24(m)$$

按标准，塔径圆整为 1.4m，则空塔气速为 1.04m/s。

(2) 溢流装置　采用单溢流、弓形降液管、平形受液盘、平形溢流堰，不设进口堰。

① 堰长 l_w

取堰长

$$l_w=0.684D$$

$$l_w=0.684\times1.4=0.958(m)$$

② 出口堰高 h_w

$$h_w=h_L-h_{ow}$$

因为

$$\frac{l_w}{D}=\frac{0.958}{1.4}=0.684$$

$$\frac{L_h}{h_w^{2.5}}=\frac{11.52}{(0.958)^{2.5}}=12.9$$

查液流收缩系数计算图（《化学工程手册》），得

$$E=1.03$$

$$h_{ow}=\frac{2.84}{1000}\times E\left(\frac{L_h}{l_w}\right)^{2/3}$$

$$=\frac{2.84}{1000}\times1.03\left(\frac{11.52}{0.958}\right)^{2/3}$$

$$=0.016(m)$$

故

$$h_w=0.07-0.016=0.054(m)$$

③ 降液管的宽度 W_d 与降液管的面积 A_f

由 $\frac{l_w}{D}=0.684$，查《化工设计手册》，得

$$\frac{W_d}{D}=0.13,\quad\frac{A_f}{A_T}=0.08$$

故
$$W_d = 0.13D = 0.13 \times 1.4 = 0.18 \text{(m)}$$
$$A_f = 0.08 \times \frac{\pi}{4}D^2 = 0.08 \times 0.785 \times 1.4^2 = 0.12 \text{(m}^2\text{)}$$

停留时间
$$\tau = \frac{A_f H_T}{L_s}$$
$$= \frac{0.12 \times 0.45}{0.0032}$$
$$= 16.8 (>3 \sim 5\text{s})(符合要求)$$

④ 降液管底隙高度 h_o。
$$h_o = h_w - 0.006$$
$$= 0.054 - 0.006$$
$$= 0.048 \text{(m)}$$

(3) 塔板布置及浮阀数目及排列

取阀孔动能因子
$$F_o = 12$$

孔速
$$u_o = \frac{F_o}{\sqrt{\rho_{V,m}}} = \frac{12}{\sqrt{2.96}} = 6.97 \text{(m/s)}$$

浮阀数
$$n = \frac{V_s}{\frac{\pi}{4}d^2 u_o}$$
$$= \frac{1.19}{0.785 \times 0.039^2 \times 6.97} = 143 \text{(个)}$$

取无效区宽度 $W_c = 0.06\text{m}$
安定区宽度 $W_s = 0.07\text{m}$
开孔区面积
$$A_a = 2\left[x\sqrt{R^2 - x^2} + \frac{\pi}{180}R^2 \sin^{-1}\frac{x}{R}\right]$$
$$R = \frac{D}{2} - W = \frac{1.4}{2} - (0.156 + 0.07) = 0.474 \text{(m)}$$
$$x = \frac{D}{2} - (W_d + W_s) = \frac{1.4}{2} - (0.156 + 0.07) = 0.474 \text{(m)}$$

故
$$A_s = 2\left[0.474\sqrt{0.64^2 - 0.474^2} + \frac{3.14}{180} \times 0.64^2 \sin^{-1}\frac{0.474}{0.64}\right]$$
$$= 0.88 \text{(m}^2\text{)}$$

浮阀排列方式采用等腰三角形叉排。
取同一横排的孔心距 $a = 75\text{mm} = 0.075\text{m}$，估算排间距 h
$$h = \frac{A_a}{na} = \frac{0.88}{143 \times 0.075} = 0.082 \text{(m)}$$

考虑到塔径较大，必须采用分块式塔板。所以适当考虑支承塔板所占用面积。排间距可采用 0.080m，按 $a = 75\text{mm}$、$h = 80\text{mm}$ 重新排列阀孔，实际阀孔数为 148 个，并核孔速及阀孔动能因数
$$u_o = \frac{V_s}{\frac{\pi}{4}d^2 n} = \frac{1.19}{0.785 \times 0.039^2 \times 148} = 6.73 \text{(m/s)}$$

$$F_o = u_o\sqrt{\rho_V} = 6.73 \times \sqrt{2.96} = 11.58$$

阀孔动能因数变化不大，仍在 9~12 范围内。

塔板开孔率 $\quad\quad\quad\quad \phi = \dfrac{u}{u_o} = \dfrac{1.04}{6.73} = 15\%$

8. 塔板流体力学校核

(1) 气相通过浮阀塔板的压力降　由式(5-40) 得
$$h_p = h_c + h_f + h_\sigma$$

① 干板阻力
$$h_c = 5.34\dfrac{\rho_V u_0^2}{2\rho_L g} = 5.34\dfrac{2.96 \times 6.73^2}{2 \times 803.1 \times 9.81} = 0.045(\text{m})$$

② 液层阻力　取充气系数 $\varepsilon_0 = 0.5$，有
$$h_f = \varepsilon_0 h_L = 0.5 \times 0.07 = 0.035(\text{m})$$

③ 液体表面张力所造成阻力　此项可以忽略不计。

故气体流经一层浮阀塔塔板的压力降的液柱高度为：$h_p = 0.045 + 0.035 = 0.08$（m）

单板压降 $\Delta p_p = h_p \rho_L g = 0.08 \times 803.1 \times 9.81 = 603.3$（Pa）　（<0.7kPa，符合设计要求）。

(2) 淹塔　为了防止淹塔现象发生，要求控制降液管中清液层高度符合 $H_d \leqslant \Phi(H_T + h_w)$，其中
$$H_d = h_p + h_L + h_d$$

由前计算知 $h_p = 0.08\text{m}$，按式(5-48) 计算
$$h_d = 0.153\left(\dfrac{L_s}{l_w h_0}\right)^2 = 0.153\left(\dfrac{0.0032}{0.958 \times 0.048}\right)^2 = 0.00094(\text{m})$$

板上液层高度 $h_L = 0.07\text{m}$，得：
$$H_d = 0.08 + 0.07 + 0.00094 = 0.151(\text{m})$$

取 $\Phi = 0.5$，板间距为 0.45m，$h_w = 0.054\text{m}$，有
$$\Phi(H_T + h_w) = 0.5 \times (0.45 + 0.054) = 0.252(\text{m})$$

由此可见：$H_d < \Phi(H_T + h_w)$，符合要求。

(3) 雾沫夹带　由式(5-44) 可知 $e_V < 0.1\text{kg 液/kg 气}$
$$\begin{aligned}
e_V &= \dfrac{5.7 \times 10^{-6}}{\sigma}\left(\dfrac{u_a}{H_T - h_f}\right)^{3.2}\\
&= \dfrac{5.7 \times 10^{-6}}{20.4 \times 10^{-3}}\left(\dfrac{0.85}{0.45 - 2.5 \times 0.06}\right)^{3.2}\\
&= 0.013\text{kg(液)/kg(气)}[<0.1\text{kg(液)/kg(气)},\text{符合要求}]
\end{aligned}$$

阀塔也可以考虑泛点率，参考《化学工程手册》。

$$\text{泛点率} = \dfrac{V_s\sqrt{\dfrac{\rho_V}{\rho_L - \rho_V}} + 1.36 L_s l_L}{KC_F A_b} \times 100\%$$

$$l_L = D - 2W_d = 1.4 - 2 \times 0.156 = 1.09(\text{m})$$
$$A_b = A_T - 2A_f = 1.13 - 2 \times 0.09 = 0.95(\text{m}^2)$$

式中　l_L——板上液体流经长度，m；

　　　A_b——板上液流面积，m^2；

C_F——泛点负荷系数,取 0.126;

K——特性系数,取 1.0。

$$泛点率 = \frac{1.19\sqrt{\frac{2.96}{803.1-2.96}} + 1.36 \times 0.0032 \times 1.09}{1.0 \times 0.126 \times 0.95} \times 100\%$$

$$= 64\% \ (<80\%,\text{符合要求})$$

9. 塔板负荷性能图

(1) 雾沫夹带线　按泛点率=80%计算

$$\frac{V_s\sqrt{\frac{2.96}{803.1-2.96}} + 1.36 L_s \times 1.09}{1.0 \times 0.126 \times 0.95} = 0.80$$

将上式整理得

$$0.061 V_s + 1.21 L_s = 0.089$$

$$V_s = 1.57 - 20 L_s$$

V_s 与 L_s 分别取值获得一条直线,数据如下表。

L_s/(m³/s)	0.0032	0.008
V_s/(m³/s)	1.51	1.41

(2) 液泛线　通过式(5-47)以及式(5-40)得

$$\Phi(H_T + h_w) = h_p + h_L + h_d = h_c + h_f + h_\sigma + h_L + h_d$$

由此确定液泛线方程:

$$\Phi(H_T + h_w) = 5.34 \frac{\rho_V u_0^2}{\rho_L 2g} + 0.153\left(\frac{L_s}{l_w h_o}\right)^2 + (1+\varepsilon_0)\left[h_w + \frac{2.84}{1000}E\left(\frac{3600 L_s}{l_w}\right)^{2/3}\right]$$

简化上式得 V_s 与 L_s 关系如下

$$V_s^2 = 5.39 - 2954.4 L_s^2 - 37.1 L_s^{2/3}$$

计算数据如下表。

L_s/(m³/s)	0.002	0.004	0.006	0.008
V_s/(m³/s)	2.118	2.100	2.015	1.928

(3) 液相负荷上限线　求出上限液体流量 L_s 值(常数)。

以降液管内停留时间 $\tau = 5s$,则 $L_{s,min} = \frac{A_f H_T}{\tau} = \frac{0.12 \times 0.45}{5} = 0.0108$ (m³/s)

(4) 漏液线　对于 F_1 型重阀,由 $F_0 = u_o\sqrt{\rho_V} = 5$,计算得

$$u_o = \frac{5}{\sqrt{\rho_V}}$$

$$V_s = \frac{\pi}{4} d_o^2 n u_o = \frac{\pi}{4} d_o^2 n \frac{5}{\sqrt{\rho_V}}$$

则　　　$V_{s,min} = 0.785 \times 0.039^2 \times 148 \times \frac{5}{\sqrt{296}} = 0.514$ (m³/s)

(5) 液相负荷下限线　取堰上液层高度 $h_{ow} = 0.006$m。根据 h_{ow} 计算式求 L_s 的下限值。

$$\frac{2.84}{1000}E\left[\frac{3600L_{s,min}}{l_w}\right]^{2/3}=0.006$$

取 $E=1.03$

$$L_{s,min}=0.00065\,\mathrm{m^3/s}$$

经过以上流体力学性能的校核可以将精馏段塔板负荷性能图画出，如图 5-21 所示。

由塔板负荷性能图可以看出：

① 在任务规定的气液负荷下的操作点 P (0.0032, 1.19)（设计点），处在适宜的操作区内。

② 塔板的气相负荷上限完全由雾沫夹带控制，操作下限由漏液控制。

③ 按固定的液气比，即气相上限 $V_{s,max}=1.49\,\mathrm{m^3/s}$，气相下限 $V_{s,min}=0.514\,\mathrm{m^3/s}$，求出操作弹性 K，即

$$K=\frac{V_{s,max}}{V_{s,min}}=\frac{1.49}{0.514}=2.90$$

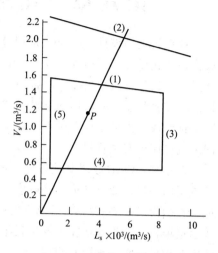

图 5-21　精馏段塔板负荷性能图

10. 浮阀塔的工艺计算结果总表（略）

11. 精馏塔的附属设备及接管尺寸（略）

第六章 化工过程计算机辅助设计

计算机辅助设计（CAD）是用计算机系统对某项工程设计进行构思、分析和修改工作，或作最优化设计的一项专门技术。其输入是设计的有关数据信息，输出是设计图纸或资料，其过程是由计算机根据输入的各种信息和程序，在系统中检索出有关数据并作运算而得出结果。较完善的系统是利用图形显示技术和人的设计经验以人机对话方式对设计过程和结果不断干预修改，借助于计算机程序，经过综合分析与优化评价，最终由计算机给出所需的设计图纸或打印出有关资料。

近年来，CAD 技术高速发展，随着计算机硬件、软件和数据库技术的进步，CAD 技术已被国内外各行业设计单位普遍应用。用 CAD 技术改造传统的设计方式，在国外已基本完成，在国内已成必然趋势。CAD 技术应用水平不高的设计单位很难与国际上的工程公司合作承接项目，也没资格在国外工程招标中夺标竞争，更无法得到国外的工程承包项目。而今国内业界也越来越重视 CAD 技术的应用水平。

第一节 化工过程模拟

化工过程流程模拟是借助计算机描述并求解整个化工生产过程的数学模型，得到有关该化工过程性能的信息。近年来，化工过程流程模拟已经被化学工程师普遍接受和采用，成为化学工程师设计新装置和分析现有装置性能、改进现有装置操作的有力工具。

工艺流程包括：

① 对确定一流程足够详尽的所有单元设备的规定。这些规定可以是设备的结构和操作参数（如精馏塔的理论级数、反应器的体积），也可以是关于设备功能的要求（如分离过程中某些组分的回收率、反应器的转化率）。

② 有关流程结构的规定，即各单元设备之间的连接方式，包括所有物料流、能量流和其他相互作用（如由控制系统执行的相互作用）。

③ 流程所处理的物质的性质，包括热力学性质、传递性质和化学反应。

对化工过程开发、设计和操作有用的分析。目前已得到普遍应用的主要是流程的稳态模拟，内容包括：物料和能量衡算、设备尺寸和费用计算及过程的技术评价。

物料和能量衡算是利用上述有关流程的信息，确定所有中间物流和产品物流的组成、流率、温度、压力以及各单元设备的性能参数。

设备尺寸计算是根据物料和热量衡算的结果，再补充输入有关设备尺寸计算的数据，确定设备的结构和尺寸。设备尺寸计算的数据如热交换器的污垢系数、塔设备的允许气速等。

设备费用计算则根据设备尺寸计算的结果和有关费用的数据确定设备制造费和投资。费用数据包括费用计算关联式的系数和通货膨胀指数等。

经济评价则要对工程的利润率进行估计。除上述各项计算结果外，还要求输入有关工程数据，例如工程的期限、筹集资金的方式、假设的通货膨胀率、折旧方法开工率分布。

除稳态模拟外，流程模拟还有其他形式：

① 动态模拟——包括控制系统性能的研究，开停工控制，发生紧急情况时的操作策略，以及操作人员的培训。

② 过程优化——包括全流程的优化和子系统水平的优化。

③ 过程合成——主要指一些常用子系统的合成，例如能量集成系统、分离序列的确定和控制器的设计。

④ 用能效率分析——以热力学第二定律为基础，并应用各种形式的热力学有效能和损失功的概念，分析过程的能量利用情况。

⑤ 安全和可靠性分析。

化工过程流程模拟的应用包括新装置的设计和指导已有装置操作两大类。

虽然，在过程开发的不同阶段对设计有不同的深度要求，例如对一个吸收塔，在开发初期可能只需假定各组分的回收率来进行模拟，而在进行过程设计（中试装置设计）时，已要求按平衡级模型来对它进行模拟，但是，液相焓和平衡常数都允许按理想情况计算。而到进行基础设计和工程设计时，就要求用严格的热力学模型来计算气、液焓和平衡常数了。但是，不论化工过程开发的哪一阶段，化工过程设计作为化学工程师利用工程经验和研究成果寻找达到预定目标的最佳方案的一种创造性流动，都是由过程合成、过程分析和过程优化这三个基本步骤组成的。

过程合成是根据预定的目标确定生产流程，即选择所用的单元设备及其连接方式，并为分析和优化提供所有决策变量的初值。化学工业中，生产一种产品往往可以采用不同的原料路线、反应途径和分离序列，存在多种可供比较的流程方案。

过程分析则是在流程结构已确定的前提下，考察在不同操作条件下流程的技术经济性能。

优化包括参数优化和结构优化。在对给定流程进行分析时，常会发现某一特定的压力或温度的取值会对设备的大小和流程的经济性产生显著的影响。在流程结构不变的前提下，通过改变压力、温度、原料配比等操作条件寻求改善流程性能的途径，称为参数优化。在对给定流程进行分析时，设计者有时还会发现目前的流程明显不合理，改换某些设备或它们的连接方式，可使流程的性能获得明显的改善，通过设计形式和连接方式的改变来改善流程的性能称为结构优化。

当将模拟作为一种设计工具时，理想的工作方式应是能以预定的目标推算出流程的结构、操作条件和所有输入变量。但大部分流程模拟程序都是以核算模式工作的，即流程系统的输入和各单元设备的设计参数计算出流程系统的输出。模拟程序中的信息流方向与流程图上的物流和能流方向相同。

工程师们通过核算型模拟程序的重复模拟来进行设计计算。重复模拟可以根据设定的条件对整个流程进行，也可应用一些控制块在流程内部的某些设备间进行，使这些设备的操作要求能达到预先规定的设计要求。如反应器的出口温度不高于某值，精馏塔的产品回收率不低于某值等。后一种重复模拟的方式实际上已介于核算型计算和设计型计算之间。

上述按核算模式来进行设计计算主要是就流程水平而言的，即是在流程结构已定的前提下进行模拟计算。就每一单元设备而言，既可规定其结构参数和操作条件（核算型），也可规定其应具备的功能（设计型）。在进行设计计算时，采用后一种规定更普遍些。例如对流程中的某一换热器，不是规定换热面积，而是规定热负荷或换热器两端冷热流体的最小温差。在通过物料衡算和热量衡算求得了所有物流和能流的状态及各单元设备的性能后，再通过设备尺寸计算，确定各设备的结构参数。

在对已有生产装置进行流程模拟时，则是严格按核算模式工作，即不但流程结构是完全确定的，而且各单元设备的结构和操作条件也是完全确定的，然后根据流程系统的输入计算其输出。这时，当然就不需要由流程模拟程序进行设备尺寸计算了。

第二节 化工流程模拟的基本方法

化工流程模拟是对整个化工系统的模型进行求解。

一个化工系统通常由许多单元组成，每个单元有许多模型方程，就形成一个庞大的方程组，用适当的方法对其求解，就是联立方程法。

联立方程法的优点是快速有效。缺点是：

① 准确建立所有的方程较困难；
② 求解非线性方程组较困难；
③ 与实际流程没有直观的联系；
④ 计算分析较困难；
⑤ 不能利用现在单元模块。

序贯模块法是将传统的单元过程的程序块作为基本的独立模块，按工艺流程顺序将相关单元模块连接起来，逐模块求解。前一模块的输出信息作为后一模块的输入信息。

序贯模块法的优点：

① 可以利用现有的单元模块；
② 流程模拟系统与实际装置的流程相似；
③ 运算问题较容易顺着流程模块查找分析。

缺点是运算效率较差，速度较慢。目前常见的化工流程模拟软件（Aspen、Pro Ⅱ 等）都是采用序贯模块法。

联立模块法使用两种模型，一类是常规模块组成的严格模型，另一类是简化的线性模型。先用严格模型产生简化模型的参数，再用简化模型进行系统运算，最后用系统运算结果修正严格模型参数。反复迭代运算，直至两模型在系统运算中收敛。

第三节 化工过程模拟软件简介

化工工艺过程是化工设计的起点、基础和核心。它是根据装置的生产能力、原料的特性、工艺流程和主要设备进行全流程的物料和热量衡算。而今，国内外的设计单位在做大中型工艺过程设计时，几乎都采用化工流程模拟软件来进行物料、热量及单元过程的模拟计算，进而进行方案的优选或优化。这里简要介绍几种应用较多的稳态流程模拟软件。

一、PRO Ⅱ 流程模拟软件

PRO Ⅱ 是美国 Simulation Sciences INC 于 1988 年推向市场的该公司第三代流程模拟软件。该软件是一个综合系统，适用于化工、石油、石化、天然气、合成燃料等工业装置的流程模拟计算，并得到物料、热量平衡计算结果。

该软件由流程模拟软件、大型纯组分特性数据库、应用广泛的热力学性质推算包、最先进而适用性强的单元过程模块所组成，以序贯模块法模拟策略，为工程师提供了一个易于掌握、能灵活运用的有效的设计工具。

该系统还提供了一个非常有经验的最优化工具，它允许工程师把设计最大值或最小值作为执行目标，或者把最经济的投资或最低操作费用当作目标。因为它是有经验、有能力的最优化程序，可以优化简单的蒸馏过程，也可以优化复杂的全流程。其单元操作模块有：间歇蒸馏、液化天然气换热器、物流编码器、物流混合器、蒸馏塔、活塞流反应器、压缩机、参数发生器、连续搅拌釜反应器、泵、节流阀、透平机、萃取精馏、反应器、变换甲烷化反应器、三相闪蒸、组分分离器、自由能最小反应器、简捷蒸馏、换热器、物流分割器、严格换热器、阀、液-液萃取、固体物处理、反应精馏等40多个。这些模块完全可以满足化工工业装置的流程模拟计算。

此外，还有一个管道单元（pipe unit）模块用来计算单相流或者两相流在管道之间或各种单元过程之间的压力降，也可以给定压降或者出口压力计算管道的直径，预测管道出口物流是气相或液相。

PROⅡ流程模拟系统为了用户工作方便，节省计算时间，还设置了再启动（restart）、工况研究（case study）和灵敏度分析（sensitivity analysis）程序，帮助用户进行工艺流程方案设计，产生并输出流程图及物料、热量平衡表。

PROⅡ也配有设备规格和费用估算系统（sizing and costing），由于它的内装费用数据与我国价格体系不同，所以不能直接应用，必须改变价格体系后才能运用。

PROⅡ还有很强的系统控制能力，可以自动识别循环物流，自动排列单元计算顺序，加速收敛，作多案例计算并按规定的目标自动寻找优化结果。

PROⅡ流程模拟系统广泛地应用各种化学化工过程的严格的质量和能量平衡，从基本的闪蒸到复杂的反应精馏，从石油炼制中原有的初始预热到后续的乙烯工业、聚合物的生产，PROⅡ都提供了有效的模拟工具。使用它，可以在计算机上建立与现场装置吻合的数据模型，并通过运算模拟装置的稳态运行，为工艺开发、工程设计以及优化操作提供理论指导。

二、ASPEN PLUS

ASPEN PLUS 是美国 ASPEN TECH 公司推出的商品化大型稳态流程模拟系统，提供应用服务，并不断地扩展其功能及应用范围。目前 ASPEN PLUS 和 PROⅡ两大模拟软件是世界上用户最多、深受用户好评的模拟软件。ASPEN PLUS 比 PROⅡ内容更丰富，应用范围更广泛。

ASPEN PLUS 的新版本配有 Model Manager 用户接口软件，提供交互式多窗口工作环境，用户可用符号和图标来构造流程图，可在专家指导系统（expert guidance system）的帮助指导下建立流程的模型，还有在线帮助、提示、教导等手段，便于用户使用该软件。用户在交互式地完成模拟时，可建立输入及模型文档，即时按模拟结果绘出各种曲线，产生并输出流程图（process flowsheet diagram，PFD）和物流的物料及热量平衡数据表。

ASPEN PLUS 有丰富可靠的物性数据库和大量有效的物性推算模型和完善的物性关联式。

ASPEN PLUS 单元操作模块的种类齐全，功能多而强，计有闪蒸、换热、多级分离、反应器、固体物处理、物流操纵等共五十多个。ASPEN PLUS 是当今流程模拟软件中单元模块最丰富的系统。其多级分离模型无需初值，适应范围宽，计算结果可靠；如 RADFRAC 模型可严格模拟各类多级气液分离操作，MULTIFRAC 模型可有效地解算若干个多级精馏系统相联的系统。这些模型还能处理气液液三相平衡问题。ASPEN PLUS 的反应器模型也比其他模拟软件齐全。此外，用户还可以把自己开发的单元操作模块与 ASPEN PLUS 软件连接在一起，备以后调用。

ASPEN PLUS 备有多种收敛算法，可同时收敛多股断裂物流和多项设计规定，并且收敛迅速而且比较精确。

ASPEN PLUS 具有功能较强的优化软件，它对约束条件或决策变量没有限定，并可同时对优化和模拟进行收敛，求得满足优化目标的各项条件。

ASPEN PLUS 的费用（costing）估算系统可以独立使用，也可以和流程模拟系统连起来使用，由于内装价格体系和我国的价格有差别，不宜直接应用。

三、ChemCAD

ChemCAD 是一个用于对化学和石油工业、炼油、油气加工等领域中的工艺过程进行计算机模拟的应用软件，是工程技术人员用来对连续操作单元进行物料平衡和能量平衡核算的有力工具。使用它，可以在计算机上建立与现场装置吻合的数据模型，并通过运算模拟装置的稳态或动态运行，为工艺开发、工程设计以及优化操作提供理论指导。

ChemCAD 是一个化工生产计算机模拟软件，在工艺开发、工程设计、优化操作和技术改造中都能发挥很大的作用。

1. 工程设计

在工程设计中，无论是建立一个新厂或是对老厂进行改造，ChemCAD 都可以用来选择方案，研究非设计工况的操作及工厂处理原料范围的灵活性。工艺设计模拟研究不仅可以避免工厂设备交付前的费用估算错误，还可用模拟模型来优化工艺设计，同时通过进行一系列的工况研究，来确保工厂能在较大范围的操作条件内良好运行。即使是在工程设计的最初阶段，也可用这个模型来估计工艺条件变化对整个装置性能的影响。

2. 优化操作

对于老厂，由 ChemCAD 建立的模型可作为工程技术人员用来改进工厂操作、提高产量的产率以及减少能量消耗的有力工具。可用模拟的方法来确定操作条件的变化以适应原料、产品要求和环境条件的变化。该模型可指导工厂的操作以降低费用、提高产率。这样的例子在一些流程模拟软件应用较好的化工装置可以举出很多。

3. 技术改造

ChemCAD 也可用模拟研究工厂合理化方案以消除"瓶颈"问题，或采用先进技术改善工厂状况的可行性，如采用改进的催化剂、新溶剂或新的工艺过程操作单元。

4. ChemCAD 单元操作

ChemCAD 提供了大量的操作单元供用户选择，使用这些操作单元，基本能够满足一般化工厂的需要。对反应器和分离塔，提供了多种计算方法。ChemCAD 可以模拟以下单元操作：蒸馏、汽提、吸收、萃取、共沸、三相共沸、共沸蒸馏、三相蒸馏、电解质蒸馏、反应蒸馏、反应器、热交换器、压缩机、泵、加热炉、控制器、透平、膨胀机、结晶罐、离心机、旋风分离器、湿式旋风分离器、文氏洗气器、袋式过滤机、真空过滤机、压碎机、研磨机、静电收集器、洗涤机、沉淀分离器、间歇蒸馏、间歇反应器、PID 控制模块、流量控制阀、记录器模块（选项）等共 50 多个单元操作，当然 ChemCAD 可将每个单元操作组织起来，形成整个车间或全厂的流程图，进而完成整个模拟计算。

5. ChemCAD 热力学

ChemCAD 的热力学和传递性质包为过程系统提供了计算 K 值、焓、熵、密度、黏度、热导率和表面张力的多种选择。

ChemCAD 提供了大量最新的热平衡和相平衡的计算方法，包含 39 种 K 值计算方法、13 种焓计算方法。这些计算方法可以应用于天然气加工厂、炼油厂以及石油化工厂，可以处理直链烃以及电解质、盐、胺、酸水等特殊系统。

ChemCAD 热力学数据库收录有 8000 多对二元交互作用参数供 NRTL、UNIQUAC、MARGULES、WILSON 和 VAN LAAR 活度系数方法来使用，也可以采用 ChemCAD 提供的回归功能回归二元交互作用参数。

ChemCAD 提供了热力学专家系统，帮助用户选择合适的 K 值和焓值计算方法。

ChemCAD 可以处理多相系统，也可以考虑气相缔合的影响。ChemCAD 有处理固体功能。对含氢系统，ChemCAD 采用一种特殊方法进行处理，可以可靠预测含氢混合物的反常泡点现象。

ChemCAD 对于不同单元或不同塔板可以应用不同的热力学方法或不同的二元交互作用参数。

6. ChemCAD 物性库

ChemCAD 提供了标准、共享、用户三种组分数据库。

7. 标准物性数据库

标准数据库以 AIChE 的 DIPPR 数据库为基础，加上电解质共约 2000 多种纯物质。

8. 用户数据库

ChemCAD 允许用户添加多达 2000 个组分到数据库中，可以定义烃类虚拟组分用于炼油计算，也可以通过中立文件嵌入物性数据。

9. 原油评价数据库

从 5.3 版开始，ChemCAD 提供了 200 多种原油的评价数据库。

10. ChemCAD 设备设计和核算

ChemCAD 提供了对多种设备进行设计和核算的功能模块。

11. 设备设计和核算

ChemCAD 可以对板式塔（包含筛板、泡罩、浮阀）、填料塔、管线、换热器、压力容器、孔板、调节阀和安全阀（DIERS）进行设计和核算。这些模块共享流程模拟中的数据，使得用户完成工艺计算后，可以方便地进行各种主要设备的核算和设计。

ChemCAD 还提供了设备价格估算功能，用户可以对设备的价格进行初步估算。

12. ChemCAD 的其他特点

ChemCAD 还具有容易使用、高度集成、界面友好等特点。ChemCAD 拥有最短的学习曲线。

安装简单——ChemCAD 可以在 Windows 95、98 和 NT 下运行，安装时不需要进行特别的配置，只要正确安置了加密锁（或密钥），一般都能正常运行。一个计算机的初学者也可独立完成整个系统的安装。

支持各种输出设备——ChemCAD 支持各种输出设备，用以生成流程、单元操作图表、符号、工艺流程图和绘图的硬拷贝。可以输出到点阵打印机、激光打印机、支持 Adobe Postscript 语言的任何设备以及绘图机等，也可以直接输出到文件，还可以将输出转换为 AutoCAD 的 DXF 格式。如果 AutoCAD 和 ChemCAD 都安装在同一个计算机上，用户可以规定包含 Auto

CAD 的位置，所有由 ChemCAD 产生的 DXF 文件都会自动存到 AutoCAD 目录中。

界面友好——ChemCAD 一直以操作简单、界面友好而著称，目前的 ChemCAD5.3 版运行于 Window 95／NT、Windows 2000 环境。根据 Microsoft Window 设计标准采用了 Microsoft 工具包及 Window Help 系统，使得 ChemCAD 对用户来说，外观及感觉和用户熟悉的其他 Window 程序十分相似。

ChemCAD 把屏幕分成 4 个区，顶行是状态区，显示作业目录、版本号等；第二行显示顶层菜单，这些菜单项经过精心安排，从左至右正是使用 ChemCAD 进行模拟计算的逐个主要步骤。每个顶层菜单下是一套弹出式菜单，这些菜单包括 ChemCAD 内嵌的各个功能，使用这些菜单可以完成模拟计算中所需进行的绝大部分工作。主屏幕由流程窗口占据；屏幕最下面一行被称为 One Line Help，为当前操作提供简单描述。屏幕布置简洁，以菜单系统为基础，输入简明扼要，如此友好的图形人机对话界面使初学者很容易上手。

通过 Window 交互操作功能，第 5 版最大的好处是可使 ChemCAD 和其他应用程序交互作用；使用者可以迅速而容易地在 ChemCAD 和其他应用程序之间传送模拟数据。第 5 版在三个不同层次上支持这种交互操作性，这些新的功能可以把过程模拟的效益大大扩展到工程工作的其他阶段中去。

详尽的帮助系统——ChemCAD 的 Hand-Holding 可以像一个真正的老师一样，"手把手地"指导用户如何开始和完成一个模拟计算的过程，指导用户完成流程生成步骤，提示组分输入，调用热力学专家系统，一直到运算开始。完成问题的每一步时，ChemCAD 都会查对那一步完成的情况。上文提到的"One Line Help"也是 ChemCAD 的一个特点。另外，随时随地的"F1"帮助可以解答用户的大部分疑问。

输入系统采用了专家检测系统，使用户不必费心检查输入是否有遗漏或语句错误。专家系统会自动指引你下一步应当输入什么数据，并显示每一步骤是否已正确地完成。

热力学方法的选择是模拟计算的一个难点，不正确的热力学方法将使得计算结果毫无意义。ChemCAD 提供了一套热力学专家系统，输入温度和压力范围，ChemCAD 根据组分及输入数据推荐一个合适的热力学方法，极大地方便了用户。

作业和工况管理方便——作业和工况管理功能使用户可以方便地恢复、拷贝或删除流程；对每个项目，可以输入账号和一些描述性语言，使得用户在开始项目时可以明确选择所需要的流程。ChemCAD 甚至还可以记录每个项目所花费的时间。

在 ChemCAD 系统中，每一个作业只对应于一个文件，不像其他流程模拟软件系统，一个作业一大堆文件。

使用灵活——使用 ChemCAD 用户可以定义新增组分、图标和符号，用户也可以利用简单的计算机语言建立自己的设备模型和计算程序。ChemCAD 还考虑到多个用户使用同一台计算机时的情况，不同的用户可以在不同的目录中定义自己的组分、图标和符号，互不干扰。

强大的计算和分析功能——ChemCAD 可以求解几乎所有的单元操作，对非常复杂的循环回路也可以轻松处理。在 ChemCAD 中，用户可以指定断裂流股，可以通过 RUN 指令方便地控制计算顺序，这对全流程模拟的收敛非常有利，可以加速循环的收敛。ChemCAD 的自动计算功能具备先进的交互特性，允许用户不定义物流的流率来确定物流的组成。ChemCAD 还具有先进的优化和分析功能。灵敏度分析模块可以定义 2 个自变量和多至 12 个因变量，优化模块可以求解有 10 个自变量的函数的最大最小值。

即时生成 PFD 图——ChemCAD 为用户形成工艺流程图（PFD）提供了集成工具。使用它，可以迅速有效地建立 PFD。对指定流程，可以建立多个 PFD。如果以某种方式改变了流程，此改变情况会自动影响到所有相关的 PFD，如果重新进行了计算，新结果也会自动传送到所有相关的 PFD。在 PFD 中，可以方便地加入数据框（热量和物料平衡数据）、单元数据框（单元操作规定和结果）、标题、文字注释、公司代号等等。

报告格式可选——ChemCAD 允许用户按照要求输出报告。在报告中，可以选择输出的流股、单元操作，对流股中包含的数据也可以进行定义。对蒸馏塔，可以输出包括回流比、温度、压力、每块板上的气液相流率等详细数据；对换热器，可以输出加热曲线。报告的格式也可以进行定义，可以由用户决定小数点后的位数等。

集成了设备标定模块及工具模块——ChemCAD 集成了对蒸馏塔、管线、换热器、压力容器、孔板和调节阀进行设计和核算的功能模块，包括专门进行空气冷却器和管壳式换热器设计和核算的 CC-Therm 模块。这些模块共享流程模拟中的数据，使得用户完成工艺计算后，可以方便地进行各种主要设备的核算和设计。ChemCAD 还提供了设备价格估算功能，用户可以对设备的价格进行初步估算。

ChemCAD 在工具菜单中含有 CO_2 固体预测、水合预测、减压阀和数据回归多个功能模块。其中 CO_2 固体预测模块计算 CO_2 固体形成的逸度和初始温度；水合预测模块估算有关烃和气体形成水合物的条件，同时也计算以游离水为基准的水合相组成；减压阀模块计算紧急和正常情况下泄压阀的性能，包括燃烧模型和泄压模型。

支持动态模拟——Chemstations 公司开发了大量的动态操作单元，包括动态蒸馏模拟 CC-DCOLUMN，动态反应器模拟 CC-ReACS，间歇蒸馏模拟 CC-Batch，聚合反应器动态模拟 CC-Polymer，这些模块都完全集成到 ChemCAD 中，共享 ChemCAD 的数据库、热力学模型、公用工程和设备核算模块。

在动态模拟过程中，用户可以随时调整温度、压力等各种工艺变量，观察它们对产品的影响和变化规律，还可以随时停下来，转回静态。ChemCAD 提供了 PID 控制器、传递函数发生器、数控开关、变量计算表等进行动态模拟的控制单元，利用它们可以完成对流程中任何指定变量的控制。

经济评价功能——运用 ChemCAD 可以在作工艺计算的同时进行经济评价，用户能够估算基建费用和操作费用，并进行过程的技术经济评价。ChemCAD 的技术经济评价方法与工业界应用的方法密切结合。经济评价可以使用于工作的任何阶段，从工艺过程的研究开发、设计、工厂建设以至工厂操作等过程。

在使用全部经济评价系统功能时，ChemCAD 自模拟结果取出计算设备尺寸所需数据，然后进行全面的经济核算。用户还可将自身的价格指标和计算关系式存入系统，作为计算的依据。

数据回归系统——ChemCAD 拥有高度灵活的数据回归系统，此系统可使用实验数据求取物性参数，可以用于纯组分性质回归、二元交换作用参数回归、电解质回归、反应速率常数回归等。数据回归系统能够通过输入易测性质（例如沸点）来估算缺少的物性参数，可估算活度系数模型中的二元参数。当模拟流程中含有缺少实验数据的新化学品时，这种特性特别有用。

第四节 化工单元操作模拟设计示例

在常压连续浮阀精馏塔中精馏分离含苯 40% 的苯-甲苯混合液，要求塔顶馏出液中含苯量不小于 98%,塔底釜液中含苯量不大于 2%(以上均为质量分数)。年生产能力 6.6 万吨(生产时间 300 天/年)。泡点进料,塔顶泡点回流,塔釜用水蒸气间接加热。

用 ChemCAD 模拟软件进行板式精馏塔的工艺设计。

(1) 建立"Distillation01.ccx",进入工作界面。

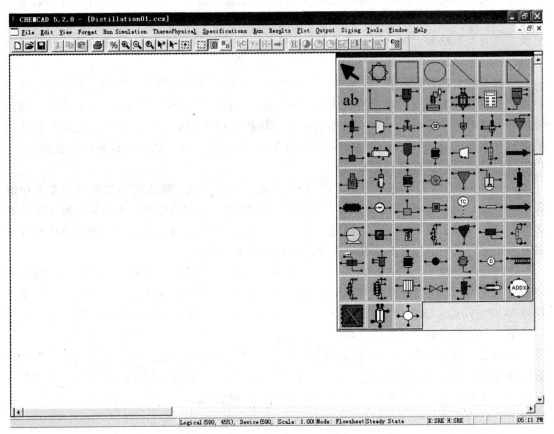

(2) 画流程图 精馏塔简捷计算用第七行第七列的塔(shortcut 模块),在工作区画出精馏塔。用"红色箭头"画进料管线,用"蓝色箭头"画塔顶塔底两出料管线,用"stream"的折线连接。

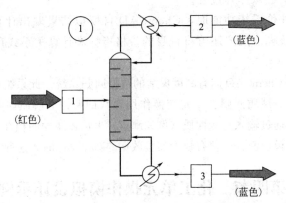

(3) 设置单位 将"Simulation/Graphic"锁定在 Simulation。在菜单"Format"选

"Engineering Units",可设置单位。选择"SI"制,将"Pressure"设置为"kPa"。

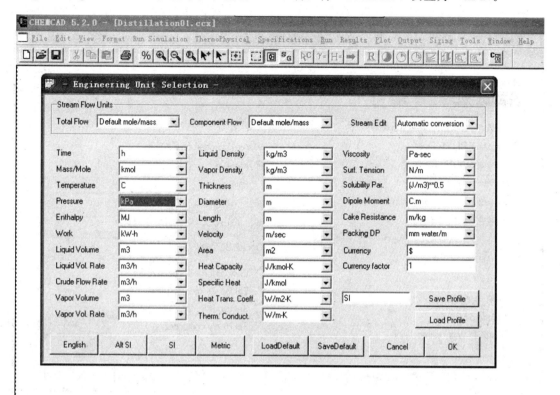

(4) 选择组分 在菜单"Thermophysical"里选择"Component list"。在"Search for"中填入"40",点击"Add"即可在左面的空白区看见"40 Benzene",选中第一组分苯。同理选中第二组分甲苯41。

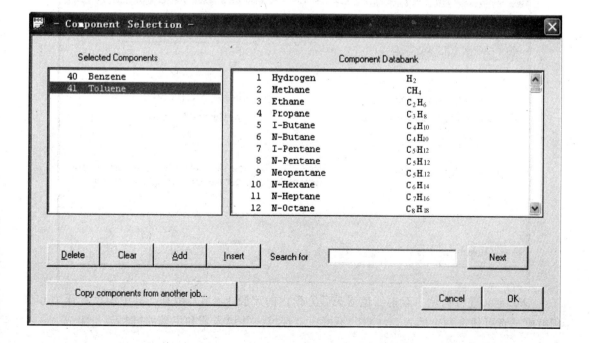

(5) 选择热力学模型　在菜单"Thermophysical"里选择"K Value",选择 SRK 方程。

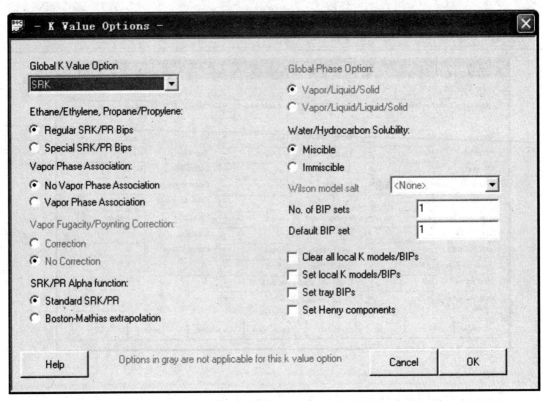

同样,在菜单"Thermophysical"里选择"Enthalpy",选择 SRK 方程。

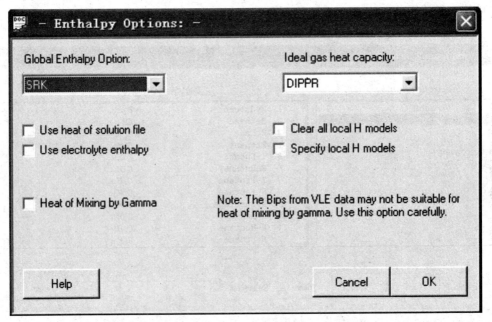

(6) 定义进料物流　双击红色箭头后方框内的流股 1,填写数据。其中温度、压力和气相组成三者可任选两个填入,注意:不可三者都填。并填入苯和甲苯的进料流量组成。

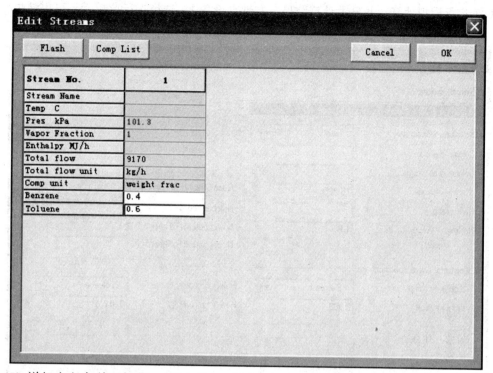

（7）详细定义各单元操作　双击塔1（设备1），可在"Light key split"中填入 x_D，在"Heavy key split"中填入 $1-x_D$，在"R/Rmin"中填入一个倍数，如1.6。

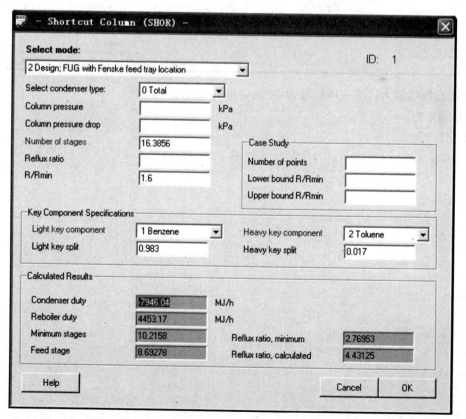

(8) 运行模拟计算，并显示计算结果 右键点设备1，选择运行此单元，可得结果。

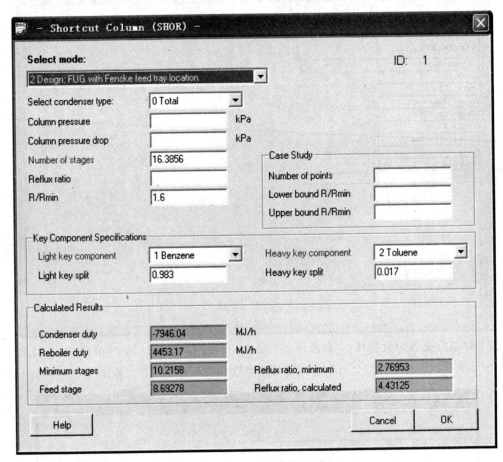

模拟计算结果为：理论塔板数为17块，加料板为第9块板。

具体结果为：

CHEMCAD 5.2.0

Job Name:Distillation01 Date:04/25/2009 Time:18:04:58

Stream No.	1	2	3
Stream Name			
Temp C	100.6613	80.6373	110.3242
Pres kPa	101.3000*	101.3000	101.3000
Enth MJ/h	7731.9	2646.3	1592.7
Vapor mole fraction	1.0000*	0.00000	0.00000
Total kmol/h	106.6699	47.1739	59.4960
Total kg/h	9170.0014	3699.1782	5470.8236
Total std L m3/h	10.4602	4.1849	6.2753
Total std V m3/h	2390.86	1057.34	1333.52
Flowrates in kg/h			
Benzene	3668.0006	3605.6443	62.3562
Toluene	5502.0010	93.5340	5408.4675

(9) 严格计算 简捷计算所得结果可作为严格计算的初值。
选择第七行第四列的模块 SCDS column #1，画出流程图。

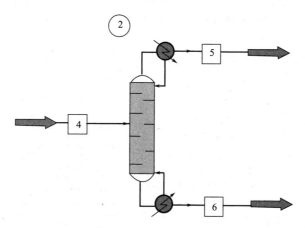

以下前六步操作步骤与简捷计算相同，第（7）步按下面设置：
点击 General，填入 No. of stages（理论板数）17，Feed stages（进料板）9。

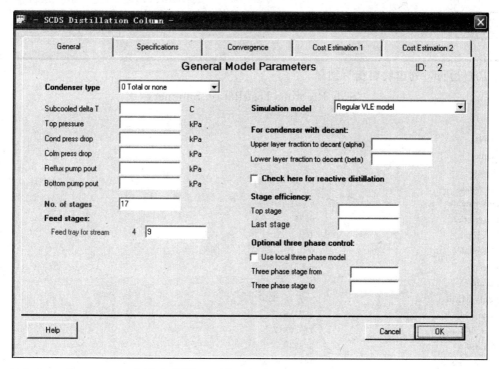

点击 Specifications，选择冷凝器 6，填入组分 Specification（x_D）；选择再沸器 6，填入组分 Specification（x_W）。

(10) 运行，列出物料衡算结果

Scds Rigorous Distillation Summary

Equip. No.	2
Name	
No. of stages	17
1st feed stage	9
Condenser mode	6
Condenser spec.	0.9830
Cond. comp i	1
Reboiler mode	6
Reboiler spec.	0.0215
Rebl. comp i	1
Cond duty MJ/h	−7015.8291
Reblr duty MJ/h	3521.6372
Reflux mole kmol/h	179.9817
Reflux ratio	3.8745
Reflux mass kg/h	14102.0098
Column diameter m	1.3716
Tray space m	0.4500
No of sections	1
No of passes (S1)	1
Weir side width m	0.1587
Weir height m	0.0540
System factor	1.0000

(11) 设备尺寸计算　点击菜单"Sizing"，选"Trays"，在"Select unitops"中填入2。

选择塔板类型 Valve Tray（浮阀塔板）。

填写板间距 0.45，降液管数 1，开空率 0.19，堰高 0.054。

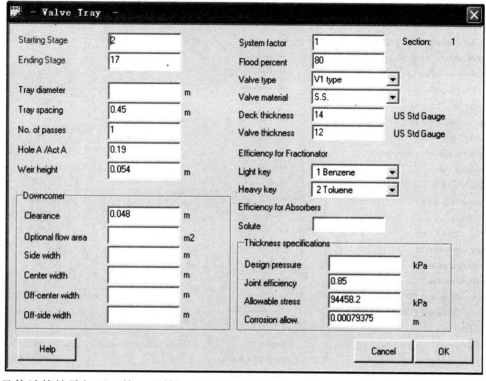

具体计算结果如下（第 2 和第 17 块板）：

CHEMCAD 5.2.0　　　　　　　　　　　　　　　　　Page 1

Job Name：Distillation01 Date：05/08/2009　Time：15：12：13

Vapor load is defined as the vapor from the tray below.

Liquid load is defined as the liquid on the tray.

	Equip. 2 Tray No. 2	
Tray Loadings	Vapor	Liquid
	17732.015 kg/h	14092.386 kg/h
	6387.646 m3/h	17.315 m3/h
Density	2.776 kg/m3	813.876 kg/m3
System factor	…………	1.000
Valve type：V-1		
Valve material ：S.S.		
Valve thickness, gage	…………	12.000
Deck thickness, gage	…………	14.000
Tower internal diameter, m	…………	1.372
Tray spacing, m	…………	0.450
No. of tray liquid passes	…………	1
Downcomer dimension,	Width m　Length m	Area m2
Side	0.159　　0.878	0.095
Avg. weir length m	…………	0.878
Weir height, m	…………	0.054
Flow path length m	…………	1.054

Flow path width m	....	1.221
Tray area, m2	....	1.478
Tray active area m2	....	1.287
% flood	....	71.493
Hole area m2	....	0.245
Approx # of valves	....	206
Tray press loss, m	....	0.090
Tray press loss, kPa	....	0.721
Dry press drop, m	....	0.052
Downcomer clearance m	....	0.048
Downcomer head loss m	....	0.002
Downcomer backup m	....	0.164
Downcomer residence time, sec	....	3.253
Liquid holdup m3	....	0.066
Liquid holdup kg	....	53.396
Design pressure, kPa	....	101.300
Joint efficiency	....	0.850
Allowable stress kPa	....	94458.212
Corrosion allowance m	....	0.001
Column thickness m	....	0.000
Bottom thickness m	....	0.000
Actual tray efficiency (O'Connell)	....	0.536
Actual tray efficiency (Chu)	....	0.480

Equip. 2 Tray No. 17

Tray Loadings	Vapor	Liquid
	9502.596 kg/h	5530.373 kg/h
	3162.759 m3/h	7.082 m3/h
Density	3.005 kg/m3	780.936 kg/m3
System factor	....	1.000
Valve type: V-1		
Valve material : S.S.		
Valve thickness, gage	....	12.000
Deck thickness, gage	....	14.000
Tower internal diameter, m	....	1.067
Tray spacing, m	....	0.450
No. of tray liquid passes	....	1
Downcomer dimension,	Width m Length m	Area m2
Side	0.102 0.626	0.043
Avg. weir length m	....	0.626
Weir height, m	....	0.054
Flow path length m	....	0.864
Flow path width m	....	0.935
Tray area, m2	....	0.894
Tray active area m2	....	0.807
% flood	....	62.437
Hole area m2	....	0.153
Approx # of valves	....	129
Tray press loss, m	....	0.078
Tray press loss, kPa	....	0.595
Dry press drop, m	....	0.044
Downcomer clearance m	....	0.048
Downcomer head loss m	....	0.001

Downcomer backup m	…………	0.145
Downcomer residence time, sec	…………	3.184
Liquid holdup m3	…………	0.033
Liquid holdup kg	…………	25.997
Design pressure, kPa	…………	101.300
Joint efficiency	…………	0.850
Allowable stress kPa	…………	94458.212
Corrosion allowance m	…………	0.001
Column thickness m	…………	0.000
Bottom thickness m	…………	0.000
Actual tray efficiency (O'Connell)	…………	0.550
Actual tray efficiency (Chu)	…………	0.449

(12) 绘 t-x-y 和 x-y 图　点击菜单 Plot，选择 TPXY。

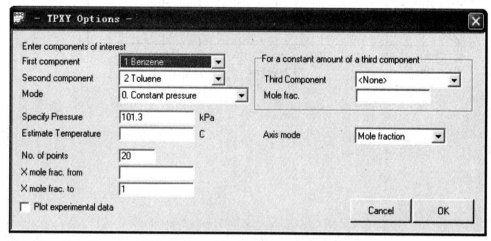

填入第一组分苯，第二组分甲苯，大气压 101.3kPa，No. of points 20。

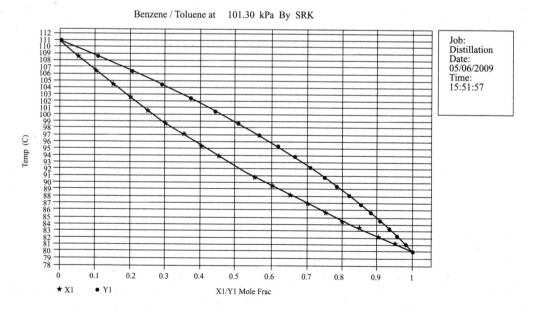

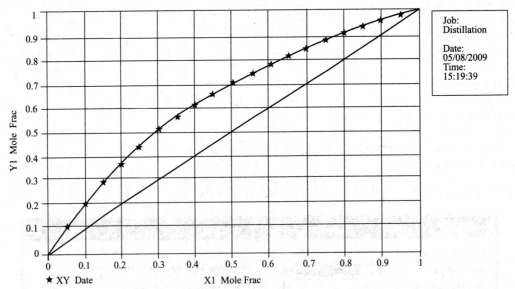

参 考 文 献

[1] 时钧等. 化工工程手册. 第2版. 北京：化学工业出版社，1996.
[2] 冷士良，陆清，宋志轩. 化工单元操作及设备. 北京：化学工业出版社，2008.
[3] 张洪流. 流体流动与传热. 北京：化学工业出版社，2002.
[4] 周立雪，周波. 传质与分离技术. 北京：化学工业出版社，2002.
[5] 涂伟萍，陈佩珍. 化工过程及设备设计. 北京：化学工业出版社，2000.
[6] 匡国柱，史启才. 化工单元过程及设备课程设计. 北京：化学工业出版社，2002.
[7] 王明辉. 化工单元过程课程设计. 北京：化学工业出版社，2005.
[8] 贾绍义，柴诚敬. 化工原理课程设计. 天津：天津大学出版社，2003.
[9] 陈英南，刘玉兰. 常用化工单元设备的设计. 上海：华东理工大学出版社，2005.